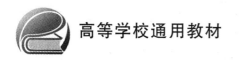

高等学校通用教材

U0168056

微机电器件设计、仿真及工程应用

郭占社　周富强　编著

北京航空航天大学出版社

内 容 简 介

本书对微机电系统基础理论、关键问题及常用硅微机械器件做了详细介绍。在此基础上,以微机电系统中常用的核心器件为对象,结合大量工程实例,采用 Ansys 软件,详细介绍了采用有限元仿真技术对其设计可行性进行验证的方法,包括结构的静力学仿真、模态仿真、静电仿真、热力学仿真以及疲劳仿真等,为在有限元仿真技术方面的相关研究提供了一定的技术支持。

本书可作为从事 MEMS 研究的设计人员的参考书,也可作为相关专业研究生的教材。

图书在版编目(CIP)数据

微机电器件设计、仿真及工程应用 / 郭占社,周富强编著. -- 北京 : 北京航空航天大学出版社,2021.3
ISBN 978 - 7 - 5124 - 3456 - 1

Ⅰ. ①微⋯ Ⅱ. ①郭⋯ ②周⋯ Ⅲ. ①微电子技术
Ⅳ.①TN4

中国版本图书馆 CIP 数据核字(2021)第 039431 号

微机电器件设计、仿真及工程应用
郭占社　周富强　编著
策划编辑　胡晓柏　　责任编辑　孙兴芳
*
北京航空航天大学出版社出版发行

北京市海淀区学院路 37 号(邮编 100191)　http://www.buaapress.com.cn
发行部电话:(010)82317024　传真:(010)82328026
读者信箱:emsbook@buaacm.com.cn　邮购电话:(010)82316936
三河市华骏印务包装有限公司印装　各地书店经销
*
开本:710×1 000　1/16　印张:14.5　字数:309 千字
2021 年 3 月第 1 版　2021 年 3 月第 1 次印刷
ISBN 978 - 7 - 5124 - 3456 - 1　定价:49.00 元

前　　言

　　微机电系统(Micro-Electro-Mechanical System,MEMS)是近几十年发展起来的新兴领域,是在微电子技术基础上发展起来的 21 世纪前沿技术,主要是指以硅为基底材料,对其进行设计、加工、制造、测量和控制的技术。它是可将机械构件、光学系统、驱动部件、电控系统集成为一个整体单元的微型系统,是近年来发展起来的一种新型多学科交叉技术,它涉及机械、电子、化学、物理、光学、生物、材料等多学科。微机电系统是目前重要的研究领域之一。

　　作者以多年科研成果为讲解实例,结合多年相关研究经验,介绍了 MEMS 的基础理论、重要的 MEMS 材料、制作工艺流程、工艺流程设计思想以及工程实例等。在此基础上,结合作者多年的工作经验,详细介绍了几种典型的采用微机电器件对诸多参数进行测试的实例,包括硅 MEMS 加速度传感器、硅 MEMS 角速度传感器、硅MEMS 压力传感器、微力矩测量方法等。最后,结合大量的工程实例,详细介绍了有限元法在 MEMS 器件设计中的应用。

　　第 1 章 从制作工艺及功能尺寸两方面介绍了 MEMS 的定义及详细的发展历程,简要介绍了计算机辅助设计技术在微机电系统中的应用;第 2 章以 MEMS 中常用的单端固支梁、双端固支梁、梳齿驱动器及膜片等为对象,详细介绍了相关的理论基础,为后续设计提供理论支持;第 3 章介绍了 MEMS 中常用的几种材料的特性、设计中要注意的重要问题等;第 4 章结合作者的研究经历,详细介绍了各种 MEMS 制作工艺,包括 MEMS 光刻工艺、体硅工艺、表面硅工艺、LIGA 工艺、键合技术等,结合设计工艺,详细介绍了 MEMS 器件工艺版图的设计思想,并进行了实例详解;第 5 章结合微尺度效应,介绍了 MEMS 器件的摩擦学磨损特性,并结合作者的科研经历,详细介绍了一种片上微摩擦测试机构的设计、仿真、装配及测试等,为相关研究提供了一定的理论支持;第 6 章结合作者的工作经历,详细介绍了几种典型参数的MEMS 测试方法,包括加速度、角速度、压力、微力矩以及微小力等;第 7 章以几种在MEMS 中最常用的器件为对象,详细介绍了其有限元仿真过程,包括静态分析、模态分析、热-结构耦合分析、电容分析、疲劳分析等。

　　本书由北京航空航天大学仪器科学与光电工程学院郭占社副教授及周富强教授担任主编。感谢北京航空航天大学仪器科学与光电工程学院樊尚春教授在基础理论、信号测试以及稿件撰写方面给予的支持及指导;感谢北京长城航空测控技术研究所黄漫国博士在第 2 章的编写中给予的支持;感谢天津津航计算技术研究所十三室张楠工程师在第 4 章芯片制作工艺方面给予的支持;感谢中国矿业大学李艳副教授在第 6 章传感器测试技术方面给予的支持。感谢全军重点基础类研究项目(项目批准号:2019012905)及国家自然科学基金项目"面向宽量程频率型硅微传感器敏感结构非线性振动的表征与补偿方法研究"(项目批准号:61973308)对本书的支持。

本书可作为从事 MEMS 研究的设计人员的参考书,也可作为相关专业研究生的教材。

微机电系统是一个涉及多学科的广阔研究领域,由于作者学识、水平有限,只对其中很少一部分进行了介绍,若书中有错误与不妥之处,敬请读者批评指正。

作 者

2020 年 12 月

目　　录

第 1 章

绪　论

1.1　微机电系统概述

微机电系统（Micro-Electro-Mechanical System，MEMS）是近几十年发展起来的新兴领域，是建立在微米/纳米技术（micro/nanotechnology）基础上的 21 世纪前沿技术，主要是指以硅为基底材料，对其进行设计、加工、制造、测量和控制的技术。它是可将机械构件、光学系统、驱动部件、电控系统集成为一个整体单元的微型系统。它采用微电子技术和微加工技术（包括硅体微加工、硅表面微加工、LIGA 和晶片键合等技术）相结合的制造工艺，制造出各种性能优异、价格低廉、微型化的传感器、执行器、驱动器和微系统，是近年发展起来的一种新型多学科交叉技术，它涉及机械、电子、化学、物理、光学、生物、材料等多门学科。

目前，相关研究者依据其功能尺寸 D 的大小，把机电系统分为 3 类：传统的机电系统（Conventional Electro-Mechanical System）、微机电系统和纳机电系统（Nano-Electro-Mechanical System，NEMS），具体如下：

　　　　　　　尺寸范围　　　　　　　　　　　　　　　　系统名称

　　　　$D \geqslant 100\ \mu m$　　　　　　　　　　　　传统机电系统

　　　　$0.1\ \mu m \leqslant D \leqslant 100\ \mu m$　　　　　　微机电系统

　　　　$0.1\ nm \leqslant D \leqslant 100\ nm$　　　　　　纳机电系统

在微机电系统中，由于器件尺寸在微米量级，体现出了明显的"尺寸效应"，导致传统机电系统、微机电系统以及纳机电系统的许多物理特性，包括力学特性、传热特性、摩擦学特性等具有较大差异，其理论研究基础及加工工艺也几乎完全不同。很多传统理论如传热理论、流体理论及摩擦学理论等，在微/纳机电系统中已不再适用。很多研究会涉及分子动力学、量子力学及统计学等微观理论，并将其作为研究的主要理论基础，如图 1.1 所示。而在纳机电系统中，器件加工主要采用了聚焦离子束技术、准分子激光直写纳米加工技术和纳米压印技术等,这些是在传统机电系统和微机电系统中很少用到的技术。

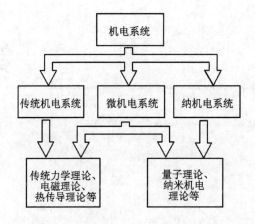

图 1.1　机电系统分类及相关理论应用

相比于传统的机电系统,MEMS 在力学与运动学原理、材料特性、加工工艺、检测方法和信号处理等方面都发生了比较大的变化。其主要特点可概括如下:

(1) 微型化

通常,一个完整的 MEMS 器件的体积与常见集成电路的体积相仿,而与传统意义上的传感器、执行器的体积相比,其体积通常要减小两个数量级以上。因此,在诸多对重量、体积及功耗要求较高的研究领域,如航空航天等,MEMS 器件具有很大的优势。

(2) 集成化

MEMS 器件可以把不同功能、不同敏感机理、不同检测参数的多个传感器或执行器集成于一体,形成微传感器阵列或微执行器阵列,甚至可以与集成电路一起构成更为复杂的系统,体现出了集成化的优良特点。

(3) 批量生产

通过将微机械光刻、腐蚀及键合等工艺相结合的方法,可以同时批量制造出成百上千个完全相同的微型机电器件,从而大大降低了制作成本。图 1.2 所示为采用体硅工艺制作的 MEMS 加速度传感器的工艺版图,由图可以看出,在一个 4 in(1 in＝2.54 cm)的掩膜版上,阵列式排布着无数形状及尺寸完全相同的加速度芯片,由于每一个传感器芯片都是经过相同加工工艺一次加工而成的,因此,单元的一致性很好。而如果采用传统的机械加工方式,通过一次加工是不能实现上述目标的。

(4) 成本低

MEMS 器件基于光刻、腐蚀和键合等工艺,在一片硅片上可以同时制造成百上千个一致性良好的器件,因此,其制作成本同时也大大降低。

图 1.2 加速度传感器的工艺版图

（5）良好的机械特性

MEMS 器件的主要制作材料为硅,其强度、硬度和弹性模量与钢相当,密度类似铝,热传导率则接近钼和钨,并且材料的迟滞非常小,体现了良好的机械特性,对于很多对结构重量、体积、迟滞、重复性等要求较高的微机电器件来说,硅是一种非常良好的基底材料,可保证微机电器件的机械特性。

（6）能耗低

MEMS 器件体积小的特点决定了其能耗必然相应地低,同时信号也会非常微弱,导致噪声处理困难。因此,微弱信号处理技术是微机电系统中非常重要的一门学科。

MEMS 的出现和发展,将信息系统的微型化、多功能化、智能化和可靠性水平提高到了新的高度。目前,MEMS 在工业、信息、通信、国防、航空、航天、航海、医疗、生物工程、农业、环境和家庭服务等领域都有着巨大的应用前景,已经引起了世界各国的高度重视并投入了大量人力物力进行研发。因此,MEMS 技术必将成为继微电子技术之后的又一重大高新技术产业。

美国是最早研究并试制成功 MEMS 器件的国家,它对 MEMS 的研究始于 20 世纪 60 年代中期,80 年代后期引起普遍重视。美国国家基金会于 1988 年投入 100 万美元资助 MIT、加州理工学院等 8 所大学和 Bell 实验室开始从事 MEMS 的主要项目研究,1989 年将经费增加到 200 万美元,1993 年增加到 500 万美元。1994 年,美国国家关键技术委员会在提交总统的报告中将"微、纳米级制造"列为国家关键技术项目。以发展两用技术为宗旨的美国国防部高级研究计划局在 1995 财年计划中,将 MEMS 视为直接关系国防与经济发展的高技术加以重点发展。此外,美国航空航天公司在 1993 年就 MEMS 对未来航天系统的潜在影响进行了调查和评估。目前,美国国会已把 MEMS 作为 21 世纪重点发展的学科之一。随后,日本、德国等也纷纷进行了 MEMS 技术的研究。目前,MEMS 技术几乎遍及各个领域,其产品市场销售额每年以接近 15% 的速度增长。

1.2 微机电系统的发展历程

MEMS 是在 20 世纪 50 年代随着 IC 制造技术的发展而出现,并随着 MEMS 工艺的发展而发展的。这一时期 MEMS 的主要研究内容是半导体材料的物理现象及其在传感器中的应用。1954 年,Bell 实验室的 Smith 发现了半导体硅和锗的压阻效应并制造出硅应变器件[1]。1959 年,美国著名物理学家 Feynman 在美国著名物理学年会上发表了"There is plenty of room at the bottom"的具有划时代意义的演讲,正式提出了 MEMS 研究的设想及其实现的可能性,对 MEMS 的发展产生了巨大影响。从 20 世纪 60 年代开始,MEMS 工艺得到飞速发展,进而推动了 MEMS 器件研制技术的发展。20 世纪 60 年代中期,Bell 实验室发现并研究 KOH 溶液对单晶硅的不同晶向产生不同的刻蚀效果,该技术的产生为 MEMS 湿法腐蚀工艺奠定了基础。Kulite 公司分别于 1961 年和 1970 年开发出世界上首个压阻式硅微机械压力传感器和加速度传感器。1967 年,Harvey C Nathanson 在 *IEEE Transactions on electron devices* 上发表的文章 *The resonant gate transistor* 中,首次提出了表面牺牲层技术的概念,并利用该技术制作出了谐振频率为 5 000 Hz 的悬臂梁结构(见图 1.3),标志着表面工艺开始出现。20 世纪 60 年代,键合技术开始出现,Nova Sensors 公司利用硅玻璃键合技术制造出压力传感器,使得多层结构 MEMS 芯片制作成为可能。尽管这些器件具有不够完善和没有商品化等缺点,但是这些工作却构成了硅微加工技术早期成果的一部分。

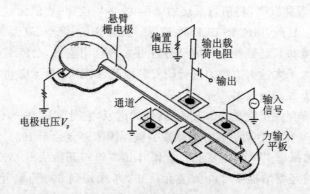

图 1.3 悬臂梁结构图

20 世纪 70 年代是 MEMS 发展的加速期。1977 年和 1979 年,斯坦福大学分别研制出第一款电容式压力传感器和电容加速度传感器,并开始了神经探针和硅色谱器件等生物医学方面的研究。IBM 和 HP 分别于 1977 年和 1979 年利用 MEMS 技术实现了喷墨打印机喷头[2-3](见图 1.4)。目前,打印机喷头仍然为 MEMS 领域最重要的产品之一,其标志着 MEMS 技术已经开始走向应用。

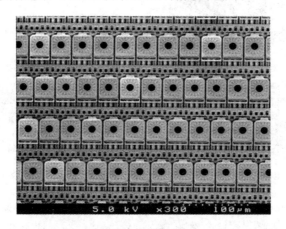

图 1.4 喷墨打印机喷头

Honeywell 和 Motorla 等公司也于 20 世纪 70 年代末期推出了大批量生产的压力和加速度传感器。20 世纪 80 年代同样是 MEMS 的快速发展期,世界各国相继开始 MEMS 领域的研究,制造技术不断涌现和完善,应用领域不断拓展,基础理论和设计方法学的研究不断深入。1985 年,UCB 的 Howe 等人实现了与 MOS 电路集成的多晶硅谐振梁,证明了多晶硅与 IC 工艺的兼容性。随后,UCB、MIT 和 Wisconsin 大学等完善了牺牲层微加工技术,成功制作了复杂的 MEMS 系统,奠定了 MEMS 与 IC 集成的基础,并由 HP 的 Barth 于 1985 年将这种技术命名为"表面微加工"技术。1988 年,加州大学伯克利分校的 L S Fan 等采用表面微加工技术,首次研制出如图 1.5 所示的静电微马达[4],该马达直径 120 μm,厚度 1 μm,转速可达到 500 r/min,第一次实现了 Feynman 的设想。尽管到目前为止微马达仍旧没有获得应用,但在当时却对全世界 MEMS 的大规模兴起起到了极大的促进作用,进而把 MEMS 研究提高到了一个新的高度。1984 年,Michagan 大学发明了基于硅玻璃键合和浓硼阻挡 KOH 刻蚀的溶硅技术。同年,谐振式硅微机械压力传感器问世。1979 年,美国 Stanford 大学首先采用微加工技术、硅材料制作出了开环直接输出频率加速度计;1989 年,Satchell D W 和 Greenwood J C 首次设计了三梁结构硅直接输出频率加速度计,采用了热激励、压电检测的方法[5];1990 年 Chang C S 等人[6]利用双梁结构设计了一款敏感两个方向的直接输出频率加速度计,并申请了专利;1985 年,在德国诞生了 LIGA 加工技术((光刻(Lithographie)、电镀(Galvanoformung)和压膜(Abformtechnik)的简称)。该工艺不但能够制造高深宽比的三维结构(见图 1.6),而且使得复杂的三维金属结构制作成为可能。1986 年,IBM 公司的 Binning 发明了基于微加工技术的原子力显微镜,实现了对微牛甚至纳牛力量级的微力以及纳米表面的测量,研究小组随后获得了诺贝尔奖。

图 1.5　静电微马达结构图　　　　图 1.6　利用 LIGA 技术制作的微齿轮结构

1989 年,在盐湖城召开的 Micro-Tele-Operated Robotics 会议上,UCB 的 Howe 建议用 MEMS 作为这一领域的名称,至此,MEMS 的命名首次得到确认。

20 世纪 90 年代开始,MEMS 技术进入高投入、高产出时期,世界各国对 MEMS 的研究投入了大量的资金并取得了巨大进展,诸多 MEMS 产品纷纷问世。同时,其加工技术也达到了非常高的水平,美国 Sandia 国家实验室开发的 Summit V 表面微加工工艺可以制造 5 层多晶硅微机械结构,并相继实现了复杂的谐振器、马达、齿轮、可调微镜等器件,代表了微加工的世界最高水平。图 1.7 所示为该机构制作的 MEMS 可调微镜的扫描电镜图,该结构到目前仍是该工艺的最高水平。

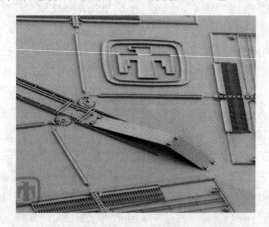

图 1.7　MEMS 可调微镜的扫描电镜图

Draper 实验室于 1988 年研制出采用平板电容驱动的双框架式硅微型振动陀螺仪样品,其平面尺寸为 300 μm×600 μm[7],也是首只硅微机械陀螺仪。1993 年,美国 ADI 公司采用 MEMS 技术,成功实现了 MEMS 加速度传感器的商品化。在随后 10 年中,该公司又推出了一系列的加速度传感器,已在汽车电子、航空航天领域得到应用。1988 年,Greenwood J C 又发表了其研究成果[8],对其于 1984 年设计的谐振式硅微机械压力传感器进行了内容充实和理论分析。该设计随后被英国 Druck 公司采用并完善,最终实现产业化,并于 20 世纪 90 年代中后期推向市场。其结构如图 1.8 所示,为一蝶形结构。当从硅膜片背面施加被测压力时,膜片发生形变,导致蝶形谐振梁楔形部分产生应变,从而使得谐振梁的固有频率变化,通过测试其变化值,便可计算得到压力的大小。该传感器制作采用了体硅制作工艺,可用于飞行器飞行高度的测量,并且得到了非常广泛的应用。

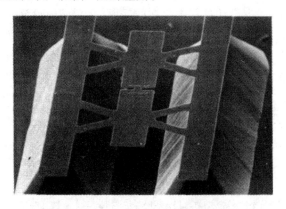

图 1.8 蝶形谐振器扫描电镜照片

2002 年,加州大学伯克利分校发明了谐振式硅微机械陀螺[9-10],使得陀螺的性能得到了进一步提高。目前,微机电系统已形成产业化,其产品包括加速度传感器、陀螺、喷墨打印机喷头、压力传感器等,应用领域涉及航空航天、汽车电子、游戏产业、手机等。

1.3 MEMS CAD

MEMS 技术是一个多领域的大学科,MEMS 有自己固有的理论,由此诞生的 MEMS 器件是一类新的器件,其设计内容包含新工作原理和新结构的探索与开发,而不是已经成熟的传统意义上的设计。目前,MEMS 器件的设计还有较大难度,特别是微观尺度下物体所受的阻力,有些还处于不确定状态,许多载荷产生的变形必须用非线性理论去分析研究,这就使得人们必须借助于计算机才能解决 MEMS 的设计问题。现在,通过二维或三维计算机绘图技术和有限元分析技术,可进行复杂的 MEMS 结构、图形设计和仿真,实现了对 MEMS 器件的结构、性能模拟和设计优化。而随着 MEMS 的迅速发展,MEMS 的计算机辅助设计(Computer Aided Design of MEMS,MEMS CAD)已成为该研究必备的技术,相关研究也成为了热点。

20 世纪 90 年代初期,国外介绍了用于硅压力传感器设计的计算机辅助设计软件 MEMS CAD,1996 年,Microcosm 公司推出了全球第一套商业化的 MEMS 器件专业设计分析软件——MEMS CAD。2001 年,Microcosm 公司更名为 Coventor 公司,相应的软件更名为 Coventor Ware,是目前全球功能最强、规模最大的 MEMS 专业软件。该软件拥有几十个专业模块,可方便实现 MEMS 器件与系统的结构设计、工艺、仿真等,该软件具有模块功能强大,材料库和工艺数据库丰富、易操作,与其他软件数据接口完美等优点。

本书主要针对 MEMS 的特点,重点对另一重要的 MEMS CAD 软件——Ansys,在微机电系统设计中的应用进行介绍并给出相应的工程实例,力求提前对设计的可行性进行验证,减少设计过程中存在的问题,达到缩短设计时间、减少制作成本、提高制作效率的目的。该软件是由美国 Ansys 公司设计的一种融合结构、流体、电场、磁场、声场分析于一体的大型通用有限元分析软件(功能见图 1.9),该软件不但可以方便地进行仿真方面的计算,还可以方便地实现与多数 CAD 软件的接口,如 Pro/Engineering、NASTRAN、Alogor、I-DEAS、Solidworks 等,实现数据的共享和交换,是现代产品设计的高级 CAD 工具之一。

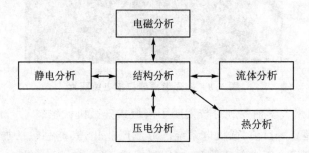

图 1.9　Ansys 多物理场耦合图

Ansys 软件主要包括三部分:前处理模块、分析计算模块和后处理模块。其中,前处理模块提供了一个强大的实体建模及网格划分工具,用户可以方便地构造有限元模型。该模块主要包括:单元类型划分、材料参数设定、结构实体建模和网格划分 4 个步骤。分析计算模块包括结构分析(可进行线性分析、非线性分析和高度非线性分析)、流体动力学分析、电磁场分析、声场分析、压电分析以及多物理场的耦合分析,可模拟多种物理介质的相互作用,具有灵敏度分析及优化分析能力。该模块主要包括定义分析类型、分析选项、载荷数据和载荷步选项,然后开始有限元求解。后处理模块包括两部分:通用后处理模块 POST1 和时间历程后处理模块 POST26。后处理模块可将计算结果以彩色等值线显示、梯度显示、矢量显示、粒子流迹显示、立体切片显示、透明及半透明显示(可看到结构内部)等图形方式显示出来,也可将计算结果以图表、曲线形式显示或输出,这些结果可能包括位移、温度、应力、应变、速度及热流等,输出形式可以有图形显示和数据列表两种。该软件图形界面如图 1.10 所示。

基于该软件的强大功能,Ansys 在微机电系统的计算机辅助设计方面得到了广泛应用,诸多 MEMS 器件,如 MEMS 加速度传感器、MEMS 陀螺、MEMS 梳齿驱动器(见图 1.11)、射频设备、MEMS 谐振器、生物芯片、MEMS 微镜等在设计过程中都借助于该软件进行可行性验证,大大缩短了产品的设计时间并降低了成本。

图 1.10 Ansys 图形界面

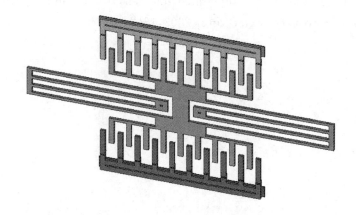

图 1.11 Ansys 建立的梳齿驱动器模型

参考文献

[1] Smith C S. Piezoresistance effect in germanium and silicon[J]. Physics Review,1954,94:42-49.

[2]Petersen K E. Fabrication of an integrated planar silicon ink-jet structure[J]. IEEE Trans Electron Dev, 1979,26:1918-1920.

[3]Boller C A, et al. High volume micro-assembly of color thermal ink-jet printheads and cartridges[J]. Hewlett-Package J,1988,39:6-15.

[4] Fan L SA, Tai Y C, Muller R S. IC processed electrostatic micro-motors[J]. International Electron Devices Meeting,1988:666-669.

［5］Satchell D W，Greenwood J C．A thermally-excited silicon accelerometer ［J］．Sensors Actuators，1989(17)：241-245.

［6］Chang C S，Putty M W．Resonant-bridge two-axismiroaccelerometer ［J］．Sensors and Actuators A，1990(21-23)：342-345.

［7］Greiff P，Boxenhorm B，King T．Silicon monolithic micromehanical gyroscope ［C］// Tech．Dig. 6th Int．Conf．Solid-state sensors and actuators，San Franciseco，CA. 1991：966-968.

［8］Greenwood J C．Miniature silicon resonant pressure sensor［J］．IEE Proceedings D on Control Theory and Applications，1988，135(5)：369-372.

［9］Seshia A A，Howe R T．An integrated microelectromechanical resonant output gyroscope［C］//The Fifteenth IEEE International conference on Micro Electro Mechanical Systems，2002，2002：722-726.

［10］Xie H K，Fedder G K．Integrated microelectromechanical gyroseopes［J］．Journal of aerospace engineering，2003,16(2)：65-75.

第 2 章

典型 MEMS 元件及理论基础

本章以几种最常用的 MEMS 元件为研究对象,针对其应用背景及相关理论进行详细讲解,具体包括静电梳齿驱动器、悬臂梁及 MEMS 膜片等。

2.1　MEMS 静电梳齿理论

2.1.1　概　述

MEMS 静电梳齿驱动器作为典型 MEMS 元件,在微机电系统中主要应用于两种情况:一种是作为 MEMS 重要的驱动源,提供运动部件运动所需要的静电驱动力;另一种是作为许多系统如微机械传感器的重要激励-检测元件。静电驱动的驱动力比较小,但其采用电压控制,耗能小、响应时间短、效率高、工艺兼容性好,可以用体硅和表面微机械工艺加工,进而实现系统集成,是 MEMS 中应用最为广泛的一类器件。该器件具有如下特点:

① 通常为变面积式检测,克服了变间隙式检测只能检测微小位移的缺点,既能检测大范围的位移变化,又具有良好的线性关系,从而能够达到足够的精度和分辨率;

② 随着梳齿数量的增加,能够大大增加电容量,进而提高信号的输出强度,提高了系统的测试精度和分辨率;

③ 可通过设计和加工形成精细的几何结构,如差分式检测等,降低了噪声对传感器测试精度的影响,提高了系统的检测精度;

④ 检测接口结构简单,易与半导体工艺集成,利于器件的制作;

⑤ 属于非接触式测量,对于发生微小位移的惯性质量没有测量干扰力,利于保证测量结果的精确;

⑥ 采用非接触的电容驱动-检测方式,受温度影响较小,测试稳定性好,精度较

高,为实现微惯性器件的闭环控制提供了简便优良的途径。

目前,MEMS 静电梳齿驱动器已在诸多 MEMS 传感器上得到非常广泛的应用,包括诸多 MEMS 加速度传感器、陀螺以及压力传感器等,都采用了静电梳齿驱动器作为其敏感元件的激励和检测方式,如图 2.1 所示。

(a) MEMS陀螺　　　　　　　　(b) MEMS加速度计

图 2.1　MEMS 惯性器件中的静电梳齿驱动器

2.1.2　结构工作原理

静电梳齿结构基本的工作原理如图 2.2 所示,它主要由可动梳齿、固定梳齿、支撑梁、固定岛、底平面 5 部分组成。固定梳齿与固定电极极板连成一体,可动梳齿与可动电极极板连成一体。可动电极极板通过支撑梁与固定岛相接,固定于衬底上,并且通过中间的固定岛和支撑梁使整个可动梳齿平板悬空,从而减小结构的摩擦阻力。

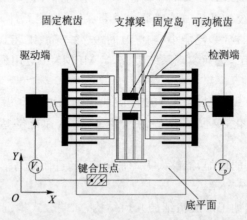

图 2.2　静电梳齿结构的原理示意图

在驱动端与可动梳齿结构之间加上激励电压 V_d,在梳齿间会产生与梳齿电容量成正比的静电力,驱动可动电极极板沿平行于衬底的方向移动。当检测端敏感待测量时,支撑梁在力的作用下产生形变,同时梳齿的重叠面积发生变化,使电容量也发生变化,通过检测电容变化就能实现对待测量的检测。

由器件工作原理可知,欲实现对系统的驱动或激励-检测,平板电容理论是其中必不可少的一部分,因此,静电梳齿理论主要围绕平板电容展开。而由于 MEMS 制作工艺的特殊原因,传统的理论计算与其具有较大区别,因此有必要结合 MEMS 梳齿电容的实际情况,建立有效的理论模型,以实现其在 MEMS 中的应用。

2.1.3　理想状况下平板电容理论

1. 无相对位移情况下理想电容理论

理想梳齿电容理论在 MEMS 中主要用于对器件设计中性能的初步估算,该模型在计算过程中忽略了边缘效应并认为两平板严格平行(见图 2.3),其电容量大小如下:

$$C = \frac{\varepsilon S}{\delta} = \frac{\varepsilon_0 \varepsilon_r ab}{\delta} \tag{2.1}$$

式中:ε_0 为真空中的介电常数(F/m),$\varepsilon_0 = \dfrac{10^{-9}}{4\pi \times 9}$ F/m;ε_r 为极板间的相对介电常数,

$\varepsilon_r = \dfrac{\varepsilon}{\varepsilon_0}$,对于空气约为 1;$a$ 为梳齿宽度;b 为相邻梳齿的重叠长度;δ 为相邻梳齿的间隙。

然而,在实际应用中,静电梳齿结构电容量的检测结果与理想计算结果之间存在着比较大的误差。因此,针对 MEMS 领域实际应用的需要,对影响静电梳齿结构电容量计算精度的重要因素进行研究,并推导出综合考虑各种影响因素的高精度修正计算模型就显得至关重要了。

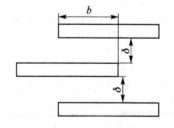

图 2.3　平板电容理论模型

依据 MEMS 平板电容的排布形式,如欲实现其检测或驱动功能,就需要其极板之间产生相对运动,依据梳齿间的相对运动方向,其理论分析可分为变间隙和变面积两种形式。

2. 变间隙电容式敏感元件理论

由式(2.1)可知,电容量 C 与极板间的间隙 δ 成反比,具有较大的非线性。因此在工作时,动极板一般只能在较小的范围内工作。

当间隙 δ 减小 $\Delta\delta$,变为 $\delta - \Delta\delta$ 时,电容量 C 将增加 ΔC,则

$$\Delta C = \frac{\varepsilon S}{\delta - \Delta\delta} - \frac{\varepsilon S}{\delta} \tag{2.2}$$

故

$$\frac{\Delta C}{C} = \frac{\dfrac{\Delta \delta}{\delta}}{1 - \dfrac{\Delta \delta}{\delta}} \tag{2.3}$$

当 $\dfrac{\Delta \delta}{\delta} \ll 1$ 时,将式(2.3)展为级数形式,有

$$\frac{\Delta C}{C} = \frac{\Delta \delta}{\delta} \left[1 + \frac{\Delta \delta}{\delta} + \left(\frac{\Delta \delta}{\delta} \right)^2 + \cdots \right] \tag{2.4}$$

由式(2.4)可以看出,电容量的相对变化可表示为间隙相对变化量的多项式合成,计算过程中具体取多少次项取决于等效精度的选取,如保持两者间的线性关系,可表示为

$$\frac{\Delta C}{C} \approx \frac{\Delta \delta}{\delta} \tag{2.5}$$

式(2.5)与式(2.4)间忽略的高次项部分即为该线性计算导致的误差。设计过程中其大小可依据实际需要选取,可选一次项,也可选二次或高次项。

当略去式(2.4)方括号内 $\dfrac{\Delta \delta}{\delta}$ 二次方以上的各项时,有

$$\left(\frac{\Delta C}{C} \right)_2 = \frac{\Delta \delta}{\delta} \left(1 + \frac{\Delta \delta}{\delta} \right) \tag{2.6}$$

可见,对于变间隙式电容式敏感元件,由式(2.5)得到的特性为所预期的线性关系,按式(2.6)得到的则为非线性关系。

通过上面的分析,可得出以下几点结论:

① 欲提高灵敏度 K,应减小初始间隙 δ,但应考虑电容器承受击穿电压的限制及微机械加工工艺的实现难度。

② 随着间隙的逐渐加大,结构的非线性将随之逐渐加大。因此,为保证其线性度,应限制可动电容极板的相对位移。通常取 $\left| \Delta \delta_m / \delta \right|$ 为 $0.1 \sim 0.2$。

③ 为改善结构的非线性,可以采用差动方式,如图 2.3 所示。当一个电容增大时,另一个电容减小。这对于输出结构中非线性误差的消除具有良好的效果。同时,结合适当的信号变换电路,可以得到非常好的输出特性。其处理电路可采用桥式电路,以降低非线性误差的影响,提高器件的检测精度。

由前述理论可知,在位移要求非常小的情况下,变间隙式电容敏感元件具有非常高的测试精度。因此,在诸多情况下,如小量程、高精度加速度传感器,微小位移测试等,变间隙式电容敏感元件可作为非常重要的参考元件使用。

3. 变面积电容式敏感元件理论

图 2.4 所示为平行极板变面积电容式敏感元件原理图。该情况下可动电容极板沿着与两者表面相平行的方向运动,导致相对面积改变而间隙不变。

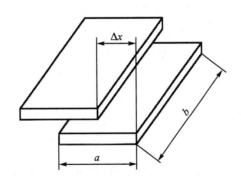

图 2.4　平行极板变面积电容式敏感元件原理图

当不考虑边缘效应时,其电容特性方程可表示为

$$C = \frac{\varepsilon b(a - \Delta x)}{\delta} = C_0 - \frac{\varepsilon b \Delta x}{\delta} \tag{2.7}$$

$$\Delta C = C - C_0 = \frac{\varepsilon b \Delta x}{\delta} \tag{2.8}$$

$$K = \frac{\Delta C}{\Delta x} = \frac{\varepsilon b}{\delta} \tag{2.9}$$

由式(2.8)可知,变面积电容式传感器电容量变化 ΔC 与相对位移 Δx 间为线性关系,其灵敏度 K 为一常数,而且当 b 增大或 δ 减小时,K 增大。极板宽度 a 不影响 K,但影响边缘效应。

相对于变间隙式电容敏感元件,变面积式电容敏感元件具有如下优点:

① 电容量的相对变化与相对位移间具有良好的线性关系。因此,使用该方法设计的传感器,即使在较大位移的情况下,其输入–输出信号间线性关系也不会改变,这不但能够保证传感器在大位移情况下的输出线性关系,大大降低信号处理的难度,提高后续信号处理性能,而且也能提高传感器的测试精度。对于传感器来说,使用该元件作为敏感元件,在对其测试精度影响较小的情况下,可大大增加其测试量程,提高传感器的性能。

② 由于变面积式敏感元件两极板间空气阻尼为滑膜阻尼,所以空气阻尼系数大大减小,减少了空气阻尼对传感器能量的损耗。对于振动式传感器来说,可大大提高其品质因数和性能。

③ 设计过程中该类极板之间可产生较大的线性相对位移,导致较大的线性电容信号的变化。输出信号的增强可大大降低传感器微弱信号检测技术的难度。

由于变面积式电容敏感元件具有上述诸多优势,所以其目前已成为 MEMS 中广泛应用的一种形式。

2.1.4　修正计算模型推导

前几节内容的介绍都是基于理想情况下静电梳齿驱动器的模型进行推导的。所谓理想情况,就是指梳齿驱动器中电容极板相互严格平行,并且忽略其边缘效应。然而,在 MEMS 梳齿电容的实际应用中,由于 MEMS 制作工艺的误差影响,实际制作得到的梳齿并不相互平行。另外,由于静电梳齿结构的深宽比远小于普通平板电容器的深宽比,所以其边缘效应不能忽略。

基于上述原因,实际的 MEMS 梳齿电容理论与理想情况存在较大差异,因此有必要对其理论进行深入探讨[1-2]。

1. 考虑制作工艺误差

由于受 MEMS 制作工艺所限,实际制作得到的静电梳齿结构与设计的理想结构间存在一定差距,主要包括电容表面的不平整及两极板之间的不平行两种情况。其中,电容表面的不平整主要影响其机械学特性,即机械强度变化及应力分布不均衡等。而梳齿的不平行,即梳齿与垂直面间存在的微小夹角则主要影响其电学特性。因此,有必要研究梳齿与垂直面间的微小夹角对电容量计算精度的影响。该情况下,一对相邻梳齿的截面示意图如图 2.5 所示。分析过程中考虑到,由于相邻梳齿具有一定的夹角,导致其电容间的间距为一缓慢变化的变量,因此考虑利用微积分理论中的微元法进行电容量计算,如图 2.6 所示。每一对微小电容极板之间都认为是平行的。根据所选取微元的不同,可以采用并联法和串联法两种方法。

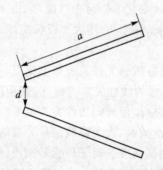 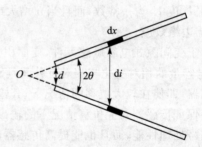

图 2.5　相邻梳齿的截面示意图　　图 2.6　利用并联法选取微元

(1) 并联法

设一对相邻梳齿的延长线交于点 O,夹角为 2θ。将其沿横向分割为无数个长度为无限小的微元,并对称地选取其中一对微元,如图 2.6 所示。

由于所选取微元对的长度无限小,所以可认为其间距为一固定值,即为平行的电容极板。将该微元所构成的电容器看作理想的平板电容,设其长度为 $\mathrm{d}x$,间距为 $\mathrm{d}i$,则其电容量为

$$C_i = \frac{\varepsilon b \cdot \mathrm{d}x}{\mathrm{d}i} = \frac{\varepsilon b \cdot \mathrm{d}x}{2x \cdot \tan\theta} \qquad (2.10)$$

一对相邻梳齿所构成的电容器由所有微元对所构成的电容器并联而成,所以其电容量为

$$C_u = C_1 + C_2 + \cdots + C_i + \cdots \tag{2.11}$$

对式(2.11)在 $\left[\dfrac{d}{2\tan\theta}, \dfrac{d}{2\tan\theta}+a\right]$ 区间上积分,即可得到一对相邻梳齿所构成电容器的电容量,即

$$C_u = \int_{\frac{d}{2\tan\theta}}^{\frac{d}{2\tan\theta}+a} \frac{\varepsilon b \cdot \mathrm{d}x}{2x \cdot \tan\theta} = \frac{\varepsilon b}{2\tan\theta} \cdot \ln\left(1 + \frac{a \cdot 2\tan\theta}{d}\right) \tag{2.12}$$

(2) 串联法

设一对相邻梳齿的延长线交于点 O,夹角为 2θ。将其沿纵向分割为无数个间距无限小的微元,并选取其中一对相邻微元,如图 2.7 所示。

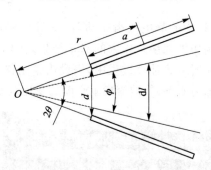

图 2.7 利用串联法选取微元

所选取微元对的间距无限小,所以可认为其间距为一固定值。将这一对微元所构成的电容器看作理想的平板电容,设其间距为 $\mathrm{d}i$,则其电容量为

$$C_i = \frac{\varepsilon ab}{\mathrm{d}l} = \frac{\varepsilon ab}{r \cdot \mathrm{d}\phi} \tag{2.13}$$

一对相邻梳齿所构成的电容器由所有微元对串联而成,所以其电容量为

$$\frac{1}{C_u} = \frac{1}{C_1} + \frac{1}{C_2} + \cdots + \frac{1}{C_i} \tag{2.14}$$

对式(2.13)在 $[0, 2\theta]$ 区间上积分,即可得到一对相邻梳齿所构成电容器的电容量的倒数,即

$$\frac{1}{C_u} = \int_0^{2\theta} \frac{1}{C_i} = \int_0^{2\theta} \frac{r \cdot \mathrm{d}\phi}{\varepsilon ab} = \frac{2r\theta}{\varepsilon ab} \tag{2.15}$$

又由图 2.7 中的几何关系可知,$r = \dfrac{a}{2} + \dfrac{d}{2\sin\theta}$,则

$$C_u = \frac{\varepsilon ab}{\left(a + \dfrac{d}{\sin\theta}\right)\theta} \tag{2.16}$$

事实上,根据物理学定义,并联法中所划分的微元并不能看作是理想的平板电容,因为其极板长度远远小于间距,这与理想平板电容的定义相矛盾。因此,采用串联法进行计算得到的结果符合物理学定义。

当 $\theta \to 0$ 时,根据式(2.16)可得

$$C_{\mathrm{u}} = \lim_{\theta \to 0} \frac{\varepsilon ab}{\left(a + \dfrac{d}{\sin\theta}\right)\theta} = \frac{\varepsilon ab}{d} \qquad (2.17)$$

由式(2.17)可知,当梳齿都相互平行,即符合理想情况时,修正计算模型(2.16)仍然成立,说明其与理想计算模型(2.1)不矛盾。

理想计算结果与考虑制作工艺误差的修正计算结果之间的相对误差为

$$\delta_{\mathrm{u}} = \frac{|C_{\mathrm{ideal}} - C_{\mathrm{u}}|}{C_{\mathrm{ideal}}} \times 100\% = \left[1 - \frac{d}{\left(a + \dfrac{d}{\sin\theta}\right)}\right] \times 100\% \qquad (2.18)$$

谐振式硅 MEMS 陀螺中的静电梳齿驱动器(见图 2.8)的相关尺寸如表 2.1 所列。对理想结果与由于制作工艺误差导致的修正结果之间的相对误差进行计算,得到的误差曲线图如图 2.9 所示。计算过程中,假设由于制作工艺导致的梳齿与垂直面之间夹角 θ 的变化范围为 $0°\sim2°$(即梳齿垂直度的变化范围为 $90°\sim88°$)。

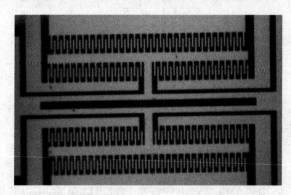

图 2.8　谐振式硅 MEMS 陀螺中的静电梳齿驱动器

表 2.1　静电梳齿驱动器的尺寸参数

长度/μm	宽度/μm	重叠长度/μm	间隙/μm	厚度/μm	夹角/(°)	对数
100	72	50	4.5	4	0.5	90

由图 2.9 可看出,当梳齿与垂直面间的夹角 θ 逐渐增大时,理想计算结果与考虑制作工艺误差的修正计算结果之间的相对误差 δ_{u} 快速增大。当夹角 θ 仅为 $0.4°$ 时,相对误差就已经达到 10%。由此可知,制作工艺误差造成的相邻梳齿非平行性对于静电梳齿结构电容量的计算影响很大,不能忽略。

2. 考虑边缘效应的理论模型

依据物理学定义,理想的平板电容是指由相互平行的两块无限大平板导体所构成的电容器,即要求构成电容器极板的间距为一常数,且极板的长、宽线度均远远大

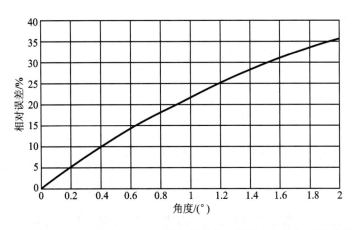

图 2.9　理想结果与考虑制作工艺误差的修正结果之间的相对误差图

于间距。此时,极板间的边缘效应可以忽略不计,即极板间的电力线均匀分布于极板间的区域,且均为垂直于极板的直线。

然而,对于实际制作得到的静电梳齿结构,梳齿的长、宽线度大于间距的程度有限,所以其在两个方向上的边缘效应都不可忽略。此时,相邻梳指间的电力线不只局限于两极板间的区域,而且也只在中央区域近似于直线。中央区域之外的电力线向外凸出弯曲,而且越靠近边缘处的电力线向外凸出弯曲的程度越大。梳齿边缘处的电力线弯曲最严重,甚至超出了梳齿间的区域。一对相邻梳齿间的电力线示意图如图 2.10 所示。基于上述原因,有必要对考虑边缘效应的静电梳齿理论模型进行推导,得到适用于 MEMS 静电梳齿驱动器的模型。分析中首先只考虑梳齿长度方向的边缘效应。依据保角变换理论,对于一对相邻梳齿所构成的电容器,其单位长度的电容量可以表示为[3]

$$C_j = \frac{\varepsilon a}{d} + \frac{\varepsilon}{\pi}\left\{1 + \ln\left[1 + \frac{\pi a}{d} + \ln\left(1 + \frac{\pi a}{d}\right)\right]\right\} \tag{2.19}$$

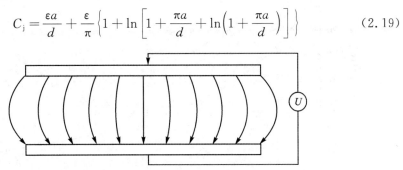

图 2.10　相邻梳齿间的电力线示意图

因此,当只考虑该方向的边缘效应时,一对相邻梳齿所构成电容器的电容值为

$$C_{ll} = C_j \cdot b = \frac{\varepsilon ab}{d} + \frac{\varepsilon b}{\pi}\left\{1 + \ln\left[1 + \frac{\pi a}{d} + \ln\left(1 + \frac{\pi a}{d}\right)\right]\right\} \tag{2.20}$$

根据式(2.1)和式(2.20),理想计算结果与考虑梳齿长度方向上的边缘效应时的

修正计算结果间的相对误差可表示为

$$\delta_{11} = \frac{|C_{ideal} - C_{11}|}{C_{ideal}} \times 100\% = \frac{d}{\pi a}\left\{1 + \ln\left[1 + \frac{\pi a}{d} + \ln\left(1 + \frac{\pi a}{d}\right)\right]\right\} \times 100\%$$

(2.21)

式中：$\frac{a}{d}$ 为静电梳齿结构的深宽比。

当 $\frac{a}{d} \to \infty$ 时，根据式(2.21)可知

$$\delta_{11} = \lim_{\frac{a}{d} \to \infty} \frac{d}{\pi a}\left\{1 + \ln\left[1 + \frac{\pi a}{d} + \ln\left(1 + \frac{\pi a}{d}\right)\right]\right\} \times 100\% = 0 \quad (2.22)$$

由式(2.22)可知，当梳齿结构的深宽比趋于无穷，即一对平行梳齿所构成的电容器可以被认为是理想的平板电容时，修正计算模型与理想计算模型之间的相对误差为零，证明了其与理想计算模型的一致性。

深宽比是 MEMS 制作工艺中的一个重要参数，因此可以以其为基础研究边缘效应对静电梳齿结构电容量计算精度的影响。

依据目前体硅工艺的制作条件，假设两三维平板电容深宽比 $\frac{a}{d}$ 的变化范围为 5～25。根据式(2.21)，利用 MATLAB 计算得到的理想计算结果与考虑梳齿长度方向上的边缘效应的修正计算结果间相对误差 δ_{11} 的曲线如图 2.11 所示。

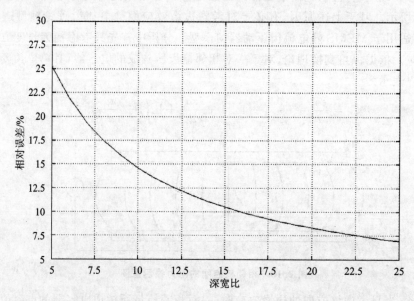

图 2.11　理想计算结果与考虑边缘效应的修正计算结果之间相对误差的曲线

由图 2.11 可知，当深宽比 $\frac{a}{d}$ 逐渐增大时，理想计算结果与考虑梳齿长度方向上

的边缘效应的修正计算结果之间的相对误差 δ_{11} 逐渐减小。当深宽比 $\dfrac{a}{d}$ 达到 20（几乎是硅 MEMS 制作工艺的极限值）时，相对误差 δ_{11} 仍然大于 8%。而实际应用中，梳齿宽度方向上的边缘效应同样需要考虑。可见，边缘效应对于静电梳齿结构电容量计算精度的影响很大，不能忽略。

同理，当只考虑梳齿宽度方向上的边缘效应时，一对相邻梳齿所构成电容器的电容量可以表示为

$$C_{12} = \frac{\varepsilon ab}{d} + \frac{\varepsilon a}{\pi} \left\{ 1 + \ln\left[1 + \frac{\pi b}{d} + \ln\left(1 + \frac{\pi b}{d} \right) \right] \right\} \tag{2.23}$$

结合式（2.20）和式（2.23）可知，当同时考虑两个方向上的边缘效应时，一对相邻梳齿所构成电容器的电容量可表示为

$$C_1 = \frac{\varepsilon ab}{d} + \frac{\varepsilon a}{\pi} \left\{ 1 + \ln\left[1 + \frac{\pi b}{d} + \ln\left(1 + \frac{\pi b}{d} \right) \right] \right\} + \frac{\varepsilon b}{\pi} \left\{ 1 + \ln\left[1 + \frac{\pi a}{d} + \ln\left(1 + \frac{\pi a}{d} \right) \right] \right\}$$

$$\tag{2.24}$$

3. 综合考虑制作工艺误差和边缘效应时模型的建立

对于实际应用中的静电梳齿结构，其电容值同时受制作工艺误差和边缘效应的影响，实际检测结果与理想计算结果之间的误差为该两方面影响共同作用的结果。因此，为实现高精度计算，必须综合考虑该两方面的影响。

综合式（2.16）和式（2.24），推导得到同时考虑制造工艺误差和边缘效应的静电梳齿结构电容量修正计算模型为

$$C_{\text{total}} = \frac{\varepsilon ab}{\left(a + \dfrac{d}{\sin\theta}\right)\theta} + \frac{\varepsilon a}{\pi} \left\{ 1 + \ln\left(1 + \frac{\pi b}{\left(a + \dfrac{d}{\sin\theta}\right)\theta} + \ln\left[1 + \frac{\pi b}{\left(a + \dfrac{d}{\sin\theta}\right)\theta} \right] \right) \right\} +$$

$$\frac{\varepsilon b}{\pi} \left\{ 1 + \ln\left(1 + \frac{\pi a}{\left(a + \dfrac{d}{\sin\theta}\right)\theta} + \ln\left[1 + \frac{\pi a}{\left(a + \dfrac{d}{\sin\theta}\right)\theta} \right] \right) \right\}$$

$$\tag{2.25}$$

2.1.5　理想状况下静电梳齿驱动器驱动力的计算

在微机电系统中，静电梳齿驱动器驱动力的计算主要为其作为 MEMS 中的驱动器时，推导驱动电压与驱动力间的相互关系提供理论基础。静电梳齿驱动器静电力依据其作用方向可分为法向静电力（见图 2.12）和切向静电力（见图 2.13），切向静电力依据在切向的方向又可分为两个方向，即沿着梳齿重叠方向和与其相垂直的方向，分别可用向量 $\boldsymbol{L}$ 和 $\boldsymbol{W}$ 表示，对应的力可表示为 F_L 和 F_W。

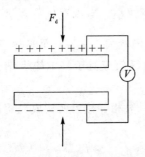 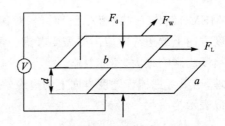

图 2.12　静电梳齿驱动器的法向静电力　　图 2.13　静电梳齿驱动器的切向静电力

1. 静电力作用下静电梳齿驱动器位移的计算

静电梳齿驱动器的静电力计算模型如图 2.2 所示,图中微机电系统中静电梳齿驱动系统一般由双端固支梁作为支撑结构。该支撑结构可等价于一个弹簧-阻尼系统。假设其刚度为 k,当一定的驱动力施加于梳齿驱动器上时,其平衡方程可表示为

$$F = kx \tag{2.26}$$

式中:F 为静电梳齿驱动器的驱动力;x 为在静电力作用下的位移;k 为梁的刚度。

2. 垂直于电容极板方向的静电驱动力的计算

极板间驱动力大小的计算是采用能量法进行的。由式(2.1)可知,当平板电容极板间施加一驱动电压 V 时,其电容大小可表示为

$$C = \frac{\varepsilon n a b}{\delta} \tag{2.27}$$

由能量法可知,施加驱动电压后,对应的电势能可表示为

$$U = \frac{1}{2}CV^2 = \frac{\varepsilon n a b V^2}{2\delta} \tag{2.28}$$

利用导数相关理论可知,垂直于平板方向的静电驱动力的大小可用电势对垂直方向的位移的导数求出,即

$$F_d = \frac{\partial U}{\partial \delta} = \frac{1}{2}\frac{\varepsilon n a b V^2}{\delta^2} \tag{2.29}$$

由式(2.29)可知,在驱动电压一定的情况下,当静电驱动力方向垂直于极板方向时,电容极板沿着间隙变化的方向运动,驱动力大小与基板间隙的平方成反比,为非线性关系。随着极板间隙的不断增大,驱动力急剧减小。

可见,本驱动力的作用方向不适用于初始间隙较大和运动距离较大的应用场景。

3. 平行于电容极板方向的静电驱动力的计算

平行于极板方向的静电驱动力可分为沿梳齿重叠方向和与梳齿相垂直的方向,分别可用向量 $\boldsymbol{L}$ 和 $\boldsymbol{W}$ 表示,对应的力可表示为 F_L 和 F_W(见图 2.13)。同样,利用能

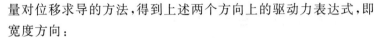

量对位移求导的方法,得到上述两个方向上的驱动力表达式,即

宽度方向:

$$F_{\mathrm{W}} = \frac{\partial U}{\partial a} = \frac{1}{2}\,\frac{\varepsilon n b V^2}{\delta} \tag{2.30}$$

长度方向:

$$F_{\mathrm{L}} = \frac{\partial U}{\partial b} = \frac{1}{2}\,\frac{\varepsilon n a V^2}{\delta} \tag{2.31}$$

由上述两式可以看出,当静电梳齿驱动器沿上述两个方向施加作用力时,作用力的大小与运动方向的尺寸无关。也就是说,如果静电梳齿驱动器在上述两个方向上运动,则当驱动电压不变时,驱动力的大小与运动距离无关。由此不难得出结论,在MEMS 驱动器设计中,欲得到很大的位移,且驱动力不会随着位移的变化极速衰减,这两种方式将是很好的参考结构的方案。而对于 MEMS 工艺,梳齿驱动器一般不会做面内运动。因此,在很多传感器设计中,静电梳齿驱动器都是沿梳齿重叠的方向即F_{L} 方向运动的,这也是变面积式梳齿驱动器为目前电容式驱动器设计的最主要参考方式的重要原因。

4. 正弦交变电压作用下静电驱动力的计算

在实际工程设计中,为保证静电梳齿驱动器能够实现往复运动,施加于其上的驱动电压一般为具有一定直流偏置的交变驱动电压,以实现驱动力的不断变化,假设该电压为

$$V = V_0 + V_1 \sin \omega t \tag{2.32}$$

把式(2.32)代入式(2.30)得

$$F_{\mathrm{W}} = \frac{\partial U}{\partial a} = \frac{1}{2}\,\frac{\varepsilon n b V^2}{\delta} = \frac{1}{2}\,\frac{\varepsilon b n (V_0 + V_1 \sin \omega t)^2}{\delta} \tag{2.33}$$

展开式(2.33)整理得

$$F_{\mathrm{W}} = \frac{n \varepsilon b}{2d}(V_0^2 + 2V_0 V_1 \sin \omega t + V_1^2 \sin^2 \omega t) \tag{2.34}$$

在电压施加过程中,可令 $V_1 \ll V_0$,式(2.34)中 $V_1^2 \sin^2 \omega t$ 项忽略不计,于是式(2.34)可简化为

$$F_{\mathrm{W}} \approx \frac{n \varepsilon b}{2d}(V_0^2 + 2V_0 V_1 \sin \omega t) = \frac{n \varepsilon b V_0^2}{2d} + \frac{n \varepsilon b V_0 V_1 \sin \omega t}{d} \tag{2.35}$$

由式(2.35)可以看出,在交变电压作用下,施加于静电梳齿驱动器上的静电力可等效为一个具有一定偏置的交变的静电力。于是,结合式(2.35)和式(2.26)可计算出在交变电压作用下的梳齿驱动器的位移表达式,即

$$x = \frac{F_{\mathrm{W}}}{k} = \frac{1}{k}\left(\frac{n \varepsilon b V_0^2}{2d} + \frac{n \varepsilon b V_0 V_1 \sin \omega t}{d}\right) \tag{2.36}$$

同理,可计算出静电梳齿驱动器在另外两个方向上的位移大小。

2.1.6 静电梳齿驱动器微弱电容检测方法

静电梳齿驱动器微弱电容检测技术是 MEMS 梳齿驱动器的关键技术之一。目前,有多种常用的微弱电容检测技术,其主要目标就是利用各种信号调节电路将电容转换成频率、电流或电压输出。总结起来,按照转换原理分,微弱电容检测方法主要有电容-频率法、开关电容法、交流电桥法、环形二极管法和调制解调法 5 种方法。

1. 电容-频率法

电容-频率法将电容转变为频率输出,即输出信号的频率变化反映了待测电容的变化。该方法可以利用低功耗的振荡电路[4],可以利用待测电容的充放电控制触发器通断[5],也可以利用运算放大器实现[6]。

图 2.14 所示为以 NE555 定时器为核心元件所组成的多谐振荡器,待测电容 C_x 为其中的一个定时元件接入电路。

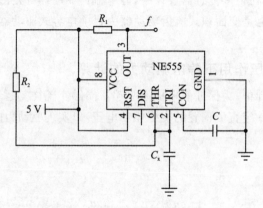

图 2.14 由 NE555 定时器构成的电容-频率转换电路

该电路输出的方波信号的频率为

$$f = \frac{1}{2R_1 C_x \ln 2} \tag{2.37}$$

电容-频率法的优点非常明显,主要如下:

① 原理比较简单,只需要较少的元器件即可实现;

② 频率信号输出,利用简单的数字电路即可转换为易于计算机处理的数字信号,不需要进行 A/D 转换;

③ 对于直流电源的要求不高。

其缺点也非常明显,如下:

① 只能应用于单一待测电容的情况,对于常用的差分式检测并不适用;

② 精度较低,稳定性差,易受杂散电容和温度等因素的影响;

③ 动态性能不佳,不适用于高频情况下的微弱电容检测;

④ 输出信号的非线性较大,需要进行误差补偿。

2. 开关电容法

开关电容法需要配置系统时钟以控制模拟开关的通断,进而控制待测电容的充、放电,从而将电容信号转换为电压信号输出。开关电容法既适用于单一待测电容的检测[7],也适用于差分电容检测的情况[8]。

图 2.15 所示为采用开关电容法检测单一电容时的电路原理图。图中 C_x 为待测电容,C_{p1}、C_{p2}、C_{p3} 和 C_{p4} 分别为开关 J_1、J_2、J_3 和 J_4 的开关电容,C_{s1} 和 C_{s2} 为寄生电容,C 为去耦电容。

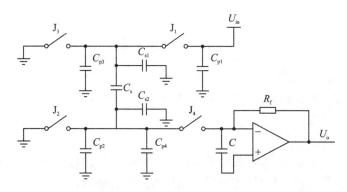

图 2.15　开关电容法检测电路

首先,开关 J_1、J_2 接通,J_3、J_4 断开,对 C_x、C_{p1}、C_{p3} 和 C_{s1} 充电。C_{p2}、C_{p4} 和 C_{s2} 两端接地,被短路。然后,开关 J_3、J_4 接通,J_1、J_2 断开,C_x、C_{p1}、C_{p3} 和 C_{s1} 放电,其中 C_{p1}、C_{p3} 和 C_{s1} 上的电荷放电不经过 C_x。因此,开关电容和寄生电容均对测量没有影响。设充电频率为 f,则电路的输出信号为

$$U_o = f \cdot U_{in} \cdot R_f \cdot C_x \tag{2.38}$$

开关电容法的优点有:

① 输出为与待测电容量成比例的直流信号,不需要对高频信号进行解调;

② 能够抑制运算放大器寄生电容的影响。

其缺点主要有:

① 电路结构相对复杂;

② 需要复杂的时序电路以控制模拟开关的通断;

③ 模拟开关闭合所导致的电荷注入效应会产生电压尖峰;

④ 连续充放电会使检测信号中具有脉冲噪声。

3. 交流电桥法

交流电桥法利用待测电容组成电桥或电桥的一部分,当待测电容发生变化时,会引起电桥电路的不平衡,信号经过放大就能得到与待测电容变化量成比例的输出信号。交流电桥法通常用于差分式检测,因为其可以充分利用差分电容的变化。

图 2.16 所示为利用交流电桥法测量微弱电容[9]。

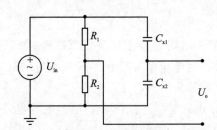

图 2.16　利用交流电桥法测量微弱电容

设初始状态的待测差分电容 $C_{x1} = C_{x2} = C$。当变化量为 $\pm\Delta C$ 时,输出信号为

$$U_o = \frac{1}{2} \cdot \frac{C_{x1} - C_{x2}}{C_{x1} + C_{x2}} \cdot U_{in} = \frac{1}{2} \cdot \frac{\Delta C}{C} \cdot U_{in} \qquad (2.39)$$

电桥法的优点主要有:

① 利用交流电桥结构,原理非常简单,使用元器件较少;

② 灵敏度较高。

其缺点主要有:

① 输出信号幅值小,输出阻抗高,其后必须接高输入阻抗的运算放大器;

② 输出信号为调幅信号,需要后续电路对其进行解调;

③ 输出信号与信号源有关,需要提供幅值和频率稳定的交流激励信号源;

④ 易受杂散电容的影响。

4. 环形二极管法

环形二极管电容检测电路如图 2.17 所示[10]。

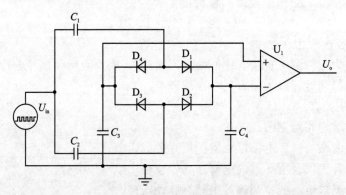

图 2.17　环形二极管电容检测电路

该电路从差分电容的公共端输入方波作为载波信号,差分电容的另外两端分别接在一个由 4 个二极管组成的环形二极管桥式结构的一对对角端点上。把环形二极管另一对角的两个端点分别通过两个定值电容接地,利用差分放大器得到该两点的电压差,即可得到与待测电容变化量成比例的电压信号。

设 D_1、D_2、D_3 和 D_4 的导通电压均为 U_D，待测差分电容变化量为 $\pm\Delta C$，差分放大器的放大倍数为 A，则输出信号为

$$U_o = A \cdot (U_{C_3} - U_{C_4}) = -\frac{2 \cdot A \cdot (U_{in} - V_D)}{C_0} \cdot \Delta C \qquad (2.40)$$

环形二极管法的优点包括：

① 电路比较简单，只需要一个差分放大器作为有源元件；

② 输出为与待测电容量成比例的直流信号，不需要对高频信号进行解调。

其缺点主要包括：

① 对元器件要求较高，4 个二极管必须具有很好的一致性；

② 二极管导通压降的温度特性对检测灵敏度有较大影响；

③ 输入差分放大器放大的是未经调制的低频信号，输出信号受 $1/f$ 噪声、放大器偏置电压的影响较大。

5. 调制解调法

调制解调法是将待测电容变化转变为输出电压变化的一种放大电路，适用于系统模拟输出，其中的转换电路既可使用积分电路[11]，也可使用微分电路[12]。由于调制过程中引入的噪声不影响后级电路，所以具有很高的分辨率；另外，电路所需的各个模块容易获得，特别适用于板级电路设计（PCB）。

一种基于调制解调法的检测电路如图 2.18 所示，它利用了积分电路的原理。图中 U_{in} 为载波，C_x 为待测电容，R_f 和 C_f 分别为反馈电阻和反馈电容。基于理想运算放大器的虚地原理，电路对杂散电容 C_{s1} 和 C_{s2} 具有抑制作用。输出信号为

$$U_o = \frac{j\omega C_x R_f}{1 + j\omega C_f R_f} \cdot U_{in} \qquad (2.41)$$

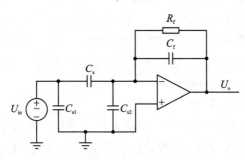

图 2.18　基于积分电路的调制解调型检测电路

当 $|j\omega C_f R_f| \ll 1$ 时，可得

$$U_o = j\omega C_x R_f U_{in} \qquad (2.42)$$

调制解调法主要有以下几方面的优点：

① 对于杂散电容有着很好的抑制作用；

② 调制过程中引入的噪声不影响后级电路，具有较高的分辨率；

③ 采用高频载波进行调制,从而有效地避开了 $1/f$ 噪声的影响。

其缺点有:

① 运算放大器的电源电压较低,使得检测电路的灵敏度受限;

② 输出信号与信号源有关,需要提供幅值和频率稳定的交流激励信号源;

③ 输出信号为调幅信号,需要后续电路对其进行解调。

对目前常用微弱电容检测方法的优、缺点进行总结,如表 2.2 所列。

表 2.2 常用微弱电容检测方法比较

方 法	优 点	缺 点
电容-频率法	原理简单;频率输出易得到数字信号,无需 A/D 转换;对直流电源的要求不高	主要适用于单电容检测;稳定性差,易受杂散电容和温度的影响;输出非线性较大;动态特性不佳
开关电容法	输出为直流信号,无需解调;能够抑制杂散电容的影响	需要复杂的时序电路控制开关的通断;开关的电荷注入效应会产生尖峰脉冲;连续充放电会产生脉冲噪声
交流电桥法	原理简单;灵敏度较高	杂散电容的影响较大;对交流激励信号源要求较高;输出电压幅值小,输出阻抗高;输出为调幅信号,需要解调
环形二极管法	结构简单;输出为直流信号,无需解调	对二极管的一致性要求较高;稳定性差,易受温度和各种噪声的影响
调制解调法	调制过程引入的噪声不影响后级电路,稳定性好;分辨率高;能够抑制杂散电容的影响	灵敏度受运算放大器电源电压的限制;对于交流载波要求较高;输出为调幅信号,需要解调

根据电容式 MEMS 器件的特点,对于微弱电容检测电路的基本要求如下:

(1) 原理及结构简单

为适应 MEMS 器件微型化的要求,检测电路的原理及结构应越简单越好。另外,简单的结构也能减少噪声的引入。

(2) 具有较高的分辨率

在电容式 MEMS 器件中,待测电容的本体电容量非常微小,而由待测物理量所引起的电容变化量则更加微小,只有具备较高分辨率的检测电路才能检测到微小的电容变化。

(3) 抗干扰能力强

MEMS 器件的应用领域非常广泛,相应地,其应用环境也多种多样。这对于微弱电容检测电路的稳定性提出了更高的要求,要求检测电路能够有效地抑制温度、杂散电容和各种噪声的影响。

2.2　MEMS 悬臂梁理论

2.2.1　概　述

作为另一个非常重要的 MEMS 元件,MEMS 悬臂梁在微机电系统中主要有两个作用:

① 用于实现对整个 MEMS 器件的支撑,如图 2.19 所示。同时,该机构可等效为一个弹簧振子,为可动 MEMS 器件往复运动提供回复力。

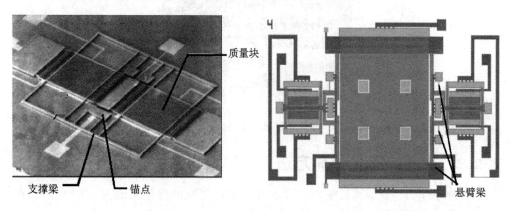

图 2.19　MEMS 陀螺中用到的悬臂支撑结构

② 作为诸多传感器如 MEMS 力传感器(见图 2.20 中的悬臂梁)、MEMS 压力传感器以及各种 MEMS 谐振音叉式传感器等(见图 2.21 和图 2.22)MEMS 器件的核心敏感元件,通过对悬臂梁待测参数作用下引起的位移或谐振频率变化的检测,实现对待测参数的测量。

图 2.20　原子力显微镜原理图

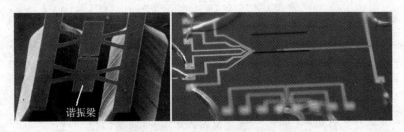

图 2.21　谐振式压力传感器上用到的悬臂梁结构

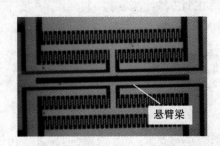

图 2.22　音叉式传感器上用到的悬臂梁结构

2.2.2　悬臂梁理论计算方法

一般地,作为"梁",其长度 l、宽度 b 和厚度 h 之间的比值大约为 $100:10:1$。在微机电系统中悬臂梁的相关理论的计算主要包括以下几方面:

①　单端固支梁在轴向力作用下,其应力分布、变形及由于应力变化引起的谐振频率计算;

②　单端固支梁在弯曲力作用下,其弯曲变形、应力变化及分布;

③　双端固支梁作为主要支撑结构,其刚度、变形以及谐振频率计算。

2.2.3　单端固支梁轴向拉压相关理论计算

1. 杆件受到轴向拉压时的变形计算

杆件的拉压计算主要用于传感器敏感元件在受到轴向力作用时(例如谐振式硅MEMS 加速度传感器和谐振式硅 MEMS 陀螺),杆件是否能够由于轴向力的作用产生弯曲,进而使敏感元件工作失效的问题,具体结构如图 2.23 所示。

依据材料力学相关知识,当材料受到轴向拉压时,沿轴向产生的正应变与轴向变形的关系可表示为

$$\varepsilon = \frac{\Delta L}{L} \Rightarrow \Delta L = \varepsilon L \tag{2.43}$$

式中:ε 为杆件在轴向作用力 f 的作用下产生的正应变;L 为杆件长度;ΔL 为杆件在 f 的作用下产生的变形。

依据杆件变形的广义胡克定律,在杆件受到轴向力作用时,其应变与正应力的关系可表示为

$$\varepsilon = \frac{\sigma}{E} \qquad (2.44)$$

式中:E 为材料的弹性模量;σ 为 f 作用下产生的内应力。

同理,在 f 作用下,内应力 σ 与 f 的关系为

$$f = \sigma A \qquad (2.45)$$

式中:A 为杆件的截面积。

把式(2.43)~式(2.45)相结合,可得到杆件在轴向作用力下产生的变形,即

$$\Delta L = \frac{fL}{EA} \qquad (2.46)$$

把式(2.46)写成胡克定律的形式,即

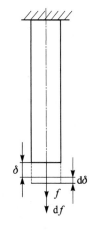

图 2.23　杆件受力图

$$f = kx = \frac{EA}{L}\Delta L \qquad (2.47)$$

式中:$\dfrac{EA}{L}$ 为杆件的轴向刚度,是由材料本身的属性、形状和尺寸决定的。

由式(2.47)可得到杆件对应的应变,即

$$\varepsilon = \frac{\Delta L}{L} = \frac{f}{EA} \qquad (2.48)$$

实验表明,当轴向拉伸时,杆沿轴向伸长,其横向尺寸减小;当轴向压缩时,杆沿轴向缩短,其横向尺寸增大,即横向正应变 ε' 与轴向应变 ε 异号。实验还表明,在比例极限内,横向正应变与轴向正应变成正比,两者关系可表示为

$$\mu = \left| \frac{\varepsilon'}{\varepsilon} \right| = -\frac{\varepsilon'}{\varepsilon} \qquad (2.49)$$

式中:μ 为材料的泊松比。

2. 杆件受径向力作用时的相关计算

杆件受径向力作用时的受力情况如图 2.24 所示,依据材料力学相关知识,当径向力 F 作用于杆件上时,杆件沿 x 轴法线方向的位移 w 与作用于杆件上的力矩的关系可表示为

$$\frac{\mathrm{d}^2 w}{\mathrm{d}x^2} = \frac{M(x)}{EI} \qquad (2.50)$$

式中:E 为材料的弹性模量;I 为杆件的惯性矩,对于矩形截面,$I = \dfrac{bh^3}{12}$。

对应 x 处转角为

$$\theta = \frac{\mathrm{d}w}{\mathrm{d}x} = \int \frac{M(x)}{EI}\mathrm{d}x + C \qquad (2.51)$$

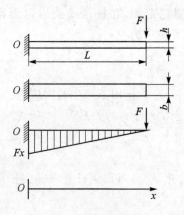

图 2.24　杆件受力图

x 处位移为

$$w = \iint \frac{M(x)}{EI} \mathrm{d}x\,\mathrm{d}x + Cx + D \tag{2.52}$$

依据上述理论,当 F 作用于杆件端部时,对应的弯矩方程为

$$M = F(L - x) \tag{2.53}$$

对方程(2.53)进行一次积分得 x 处转角,即

$$\theta = \frac{\mathrm{d}w}{\mathrm{d}x} = \frac{F}{EI}\left(Lx - \frac{x^2}{2}\right) + C \tag{2.54}$$

对式(2.54)进行积分得位移表达式,即

$$w = \frac{F}{EI}\left(\frac{Lx^2}{2} - \frac{x^3}{6}\right) + Cx + D \tag{2.55}$$

依据该单端固支梁计算边界条件,在 $x = 0$ 处梁根部的位移和转角均为 0,将该边界条件代入式(2.54)和式(2.55)得 $C = 0, D = 0$。于是,转角和位移分别为

$$\theta = \frac{\mathrm{d}w}{\mathrm{d}x} = \frac{F}{EI}\left(Lx - \frac{x^2}{2}\right) \tag{2.56}$$

$$w = \frac{Fx^2}{6EI}(3L - x) \tag{2.57}$$

由式(2.57)得杆件最大转角在 $x = L$ 处,即

$$\theta = \frac{\mathrm{d}w}{\mathrm{d}x} = \frac{FL^2}{2EI} \tag{2.58}$$

最大位移同样在 $x = L$ 处,即

$$w = \frac{FL^3}{3EI} \tag{2.59}$$

于是,得到该杆件刚度为

$$k = \frac{F}{w} = \frac{3EI}{L^3} \tag{2.60}$$

同样,依据材料力学中的杆件应力表达式,在 x 处(见图 2.24),杆件正应力分布表达式为

$$\sigma = \frac{My}{I_z} \tag{2.61}$$

式中:y 为以中性面为原点,沿着界面方向的坐标。

于是,得到在 x 处截面的应力分布为

$$\sigma = \frac{My}{I_z} \Rightarrow \sigma_{\max} = \frac{My}{\dfrac{bh^3}{12}} = \frac{12F(L-x)y}{bh^3} \tag{2.62}$$

如图 2.25 所示,应力最大值分布在 $\dfrac{y}{2}$ 处,代入式(2.62)得到该最大应力分布于表面,数值为

$$\sigma_{\max} = \frac{12F(L-x)}{bh^3 \cdot \dfrac{2}{h}} = \frac{6F(L-x)}{bh^2} \tag{2.63}$$

且整个杆件沿 x 方向应力最大值在 $x=0$ 处,即

$$\sigma_{\max} = \frac{6FL}{bh^2} \tag{2.64}$$

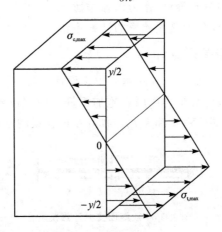

图 2.25　梁截面应力分布图

由上述公式可看出,悬臂梁的应变、应力在其根部(固支端)最大,沿轴线方向逐渐减小,在其自由端为零;同时,适当增大悬臂梁的长厚比 L/h,可以提高位移、应变、应力对作用力的灵敏度,但其弯曲振动频率将降低。对于 MEMS 传感器,欲通过检测位移大小的方式来实现对信号的检测,则检测位置在端部比较好;而欲实现对应力和应变的检测,则检测位置放置于根部比较好。

3. 单端固支梁谐振频率计算

单端固支梁谐振频率计算采用了通用公式,如下:

$$f = \frac{1}{2\pi}\sqrt{\frac{k}{m}} \qquad (2.65)$$

式中:k 为系统刚度;m 为振动体等效质量。

由于单端固支梁的刚度为 $\frac{3EI}{L^3}$,其中,$I = \frac{bh^3}{12}$,经推导[13]得到谐振频率计算公式为

$$f = \frac{0.162h}{L^2}\sqrt{\frac{E}{\rho}} \qquad (2.66)$$

2.2.4 双端固支梁轴向拉压相关理论计算

双端固支梁及其相关理论在 MEMS 传感器中主要有两个应用:第一个是作为支撑结构用于几乎所有的 MEMS 传感器中,使其可动器件悬浮;第二个是作为谐振式传感器的敏感元件,包括单梁和双梁(例如双端固支音叉(Double Ended Tunnel Fork,DETF))。在作为支撑结构的计算中,主要关心结构的刚度以及由于载荷变化引起的相关位移、应力分布等;而作为谐振敏感元件,主要关心器件由于外界载荷变化引起的谐振频率的变化及谐振频率的计算等。

1. 作为支撑梁的相关理论计算

双端固支梁计算模型如图 2.26 所示。由于设计过程中要保证 MEMS 器件能够产生最大位移,所以一般将集中力作用点施加于杆件中部位置。计算中设集中力作用点距离双端固支梁两端的距离都为 l,施加在中间横梁的驱动力为 F。

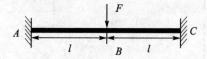

图 2.26 双端固支梁计算模型

把 C 受到的作用力解耦后的受力图如图 2.27 所示。由图可以看出,C 点受到 x、y 方向上的集中力 F_x、F_y 及力偶 M_C 的作用。计算边界条件为施加驱动力 F 后 C 点在 x、y 方向上的位移为零。于是,利用莫尔积分法,在 C 点施加一垂直向下的单位力,得到 C 点在垂直方向上的位移为

$$\delta_y = \frac{1}{EI}\int_0^l (F_y \cdot x - M_C) x\,\mathrm{d}x + \frac{1}{EI}\int_0^l [F_y l - M_C + (F_y - F)x] \cdot (l + x)\,\mathrm{d}x = 0$$

$$(2.67)$$

式中:E、I、l 分别为单晶硅材料的弹性模量和悬臂梁沿弯曲方向的惯性矩。对

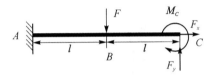

图 2.27　简化模型

式(2.67)简化得

$$16F_y l = 12M_C + 5Fl \tag{2.68}$$

同理,以施加驱动力 F 后悬臂在 C 点的转角为零作为计算的另一个边界条件,在 C 点施加一单位力矩,利用莫尔积分法得到 C 点的转角公式,即

$$\theta_C = \frac{1}{EI}\int_0^l (F_y \cdot x - M_C)\,\mathrm{d}x + \frac{1}{EI}\int_0^l [F_y l - M_C + (F_y - F)x]\,\mathrm{d}x = 0 \tag{2.69}$$

把式(2.69)简化得

$$4F_y l = 4M_C + Fl \tag{2.70}$$

把式(2.68)和式(2.69)联立得 F_y、M_C 与驱动力 F 的关系为

$$F_y = \frac{F}{2} \tag{2.71}$$

$$M_C = \frac{Fl}{4} \tag{2.72}$$

于是,在 B 点施加垂直向下的单位力,利用莫尔积分法计算得到该点在驱动力 F 的作用下产生的位移,即

$$\delta_B = -\frac{1}{EI}\int_0^l [F_y l - M_C + (F_y - N)x] \cdot x\,\mathrm{d}x = \frac{Fl^3}{24EI} \tag{2.73}$$

对应的悬臂沿运动方向的刚度可表示为

$$k_s = \frac{F}{\delta_B} = \frac{24EI}{l^3} \tag{2.74}$$

2. 作为敏感元件时的谐振频率计算

实际中多采用双端固定音叉作为谐振敏感元件,通过施加轴向力前后音叉梁谐振频率的变化来计算轴向力及待测参数的值,所以必须考虑谐振梁受轴向力而产生的振动问题。这种振动问题在音叉谐振器微结构的建模和设计中频繁用到,而谐振频率作为设计和操作参数的函数,它的确定需要准确的模型。

在实际应用中,谐振音叉上均集成有驱动单元和检测单元,如图 2.28 所示。

当惯性器件运动时,图 2.28 中的微梳齿谐振器的梳齿结构运动特性与阻尼特性一致,多余部分可等效为具有一定质量的附加质量。因此,可以将微梳齿谐振器简化成如图 2.29(a)所示的模型。而国内外相关研究方向的专家和学者大多以图 2.29(b)所示的模型作为研究对象,以图 2.29(a)所示模型作为研究对象的文献很

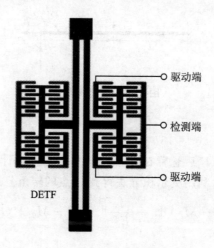

图 2.28 微梳齿谐振器

少,且施加附加质量后谐振梁振动模型具有较大改变,有必要对其进行详细推导。

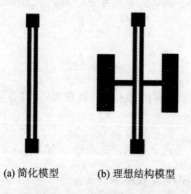

(a) 简化模型   (b) 理想结构模型

图 2.29 简化模型和理想结构模型

因此,针对该问题,应充分考虑附加质量与轴向力对谐振音叉振动特性的影响,建立具有附加质量的谐振梁的振动模型并对其进行研究具有非常重要的意义。

纯音叉梁理论模型的推导[13]

若只考虑由弯曲引起的横向变形,而不计剪切变形、转动惯量影响的梁弯曲振动的力学模型,称为 Euler-Bernoulli 梁。

如图 2.30 所示,分析矩形截面梁在 $x-y$ 平面内的横向自由振动。设 $y(x,t)$ 是谐振梁距原点为 x 处的截面在 t 时刻的横向位移,ρ 是梁的密度,A、L、h、b 分别是梁的横截面积、长度、高度和宽度,E 是弹性模量,I 是梁横截面对中性轴的惯性矩。在 x 截面处取出微段 $\mathrm{d}x$ 为研究对象,其受力状态如图 2.30 所示,以微段 $\mathrm{d}x$ 为研究对象,列写 y 方向的力平衡方程 $\sum F_{yi} = 0$,得

$$Q + \frac{\partial Q}{\partial x}\mathrm{d}x - Q - \rho A \frac{\partial^2 y}{\partial t^2}\mathrm{d}x = 0 \tag{2.75}$$

列写微段 $\mathrm{d}x$ 右侧截面形心 C 点的力矩平衡方程 $\sum M_C = 0$,得

$$M + \frac{\partial M}{\partial x}\mathrm{d}x - M - Q\mathrm{d}x - \rho A \frac{\partial^2 y}{\partial t^2}\frac{\mathrm{d}x^2}{2} = 0 \tag{2.76}$$

略去二阶微小量 $\mathrm{d}x^2$,由式(2.76)化简得

$$Q = \frac{\partial M}{\partial x} \tag{2.77}$$

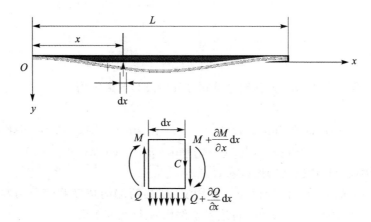

图 2.30　梁横向自由振动

将式(2.77)代入式(2.75)得

$$\frac{\partial^2 M}{\partial x^2} - \rho A \frac{\partial^2 y}{\partial t^2} = 0 \tag{2.78}$$

由材料力学可知,弯矩与挠曲位移的关系式为

$$M(x) = -EI \frac{\partial^2 y}{\partial x^2} \tag{2.79}$$

将式(2.79)代入式(2.78)得

$$EI \frac{\partial^4 y}{\partial x^4} + \rho A \frac{\partial^2 y}{\partial t^2} = 0 \tag{2.80}$$

微分方程(2.80)含有对空间变量 y 的四阶偏导数和对时间变量 t 的二阶偏导数,因此需要用 4 个边界条件和 2 个初始条件来求方程的解。

根据系统具有与时间无关的特性,可设微分方程(2.80)的解为 $y(x,t) = Y(x) \cdot T(t)$,其中 $T(t)$ 为简谐函数,故

$$y(x,t) = Y(x)\sin(\omega t + \phi) \tag{2.81}$$

式中:ω 为梁振动的固有频率;$Y(x)$ 为梁振动的模态函数。

将式(2.77)代入式(2.76)得

$$EI \frac{\mathrm{d}^4 Y}{\mathrm{d}x^4} - \omega^2 \rho A Y = 0 \tag{2.82}$$

令

$$\lambda^4 = \frac{\omega^2 \rho A}{EI} \tag{2.83}$$

则式(2.82)可化简为

$$\frac{\mathrm{d}^4 Y}{\mathrm{d}x^4} - \lambda^4 Y = 0 \tag{2.84}$$

式(2.84)是一个四阶常系数齐次微分方程,其特征方程为

$$s^4 - \lambda^4 = 0 \tag{2.85}$$

特征方程(2.85)的 4 个特征根为

$$s_{1,2} = \pm \mathrm{i}\lambda, \quad s_{3,4} = \pm \lambda \tag{2.86}$$

由高等数学的微分方程理论可知方程(2.84)的通解为

$$Y(x) = Ae^{\lambda x} + Be^{-\lambda x} + Ce^{\mathrm{i}\lambda x} + Ae^{-\mathrm{i}\lambda x} \tag{2.87}$$

又知 $e^{\pm \lambda x} = \cosh \lambda x \pm \sinh \lambda x$,$e^{\pm \mathrm{i}\lambda x} = \cos \lambda x \pm \mathrm{i}\sin \lambda x$,则式(2.87)可化简为

$$Y(x) = c_1 \cosh \lambda x + c_2 \sinh \lambda x + c_3 \cos \lambda x + c_4 \sin \lambda x \tag{2.88}$$

该式为梁横向自由振动的振型函数。

谐振梁的边界条件近似为双端固支梁,梁两端的挠度和转角为零,即 $Y(0) = Y(L) = 0$,$Y'(0) = Y'(L) = 0$,将边界条件代入式(2.88)得

$$\left.\begin{array}{l} c_1 + c_3 = 0 \\ c_2 + c_4 = 0 \\ c_1 \cosh \lambda L + c_2 \sinh \lambda L + c_3 \cos \lambda L + c_4 \sin \lambda L = 0 \\ c_1 \sinh \lambda L + c_2 \cosh \lambda L - c_3 \sin \lambda L + c_4 \cos \lambda L = 0 \end{array}\right\} \tag{2.89}$$

化简以上方程组可得

$$\left.\begin{array}{l} c_1(\cosh \lambda L - \cos \lambda L) + c_2(\sinh \lambda L - \sin \lambda L) = 0 \\ c_1(\sinh \lambda L + \sin \lambda L) + c_2(\cosh \lambda L - \cos \lambda L) = 0 \end{array}\right\} \tag{2.90}$$

积分常数 c_1、c_2 有非零解的条件为

$$\begin{vmatrix} \cosh \lambda L - \cos \lambda L & \sinh \lambda L - \sin \lambda L \\ \sinh \lambda L + \sin \lambda L & \cosh \lambda L - \cos \lambda L \end{vmatrix} = 0 \tag{2.91}$$

又由于 $\cosh^2 \lambda x - \sinh^2 \lambda x = 1$,$\cos^2 \lambda x + \sin^2 \lambda x = 1$,得

$$\cos \lambda L \cosh \lambda L = 1 \tag{2.92}$$

式(2.92)为双端固支梁的横向振动频率方程,前四阶的解为:$\lambda_1 L = 4.73$,$\lambda_2 L = 7.853$,$\lambda_3 L = 10.996$,$\lambda_4 L = 14.137$,解的近似表达式为

$$\lambda_i L \approx \left(i + \frac{1}{2}\right)\pi, \quad i = 1, 2, \cdots \tag{2.93}$$

将式(2.93)代入式(2.82),得到各阶固有频率 ω_i 为

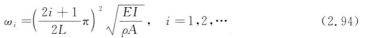

$$\omega_i = \left(\frac{2i+1}{2L}\pi\right)^2 \sqrt{\frac{EI}{\rho A}}, \quad i = 1,2,\cdots \tag{2.94}$$

第一阶解的振型函数为

$$Y(x) = c_1(\cosh \lambda L - 0.982\,5\sinh \lambda L - \cos \lambda L + 0.982\,5\sin \lambda L) \tag{2.95}$$

第一阶解的振型函数是下面谐振频率分析的基础。

(1) 有附加质量时谐振梁谐振频率的计算

当谐振梁上有附加质量时,从能量法的角度可以理解成增加了系统的最大动能。由瑞雷法可得

$$T_{\max} = \frac{\omega^2}{2}\int_0^L \rho A Y(x)^2 \mathrm{d}x + \frac{\omega^2}{2}MY\left(\frac{L}{2}\right)^2 \tag{2.96}$$

$$U_{\max} = \frac{1}{2}\int_0^L EI\left[\frac{\mathrm{d}^2 Y(x)}{\mathrm{d}x^2}\right]^2 \mathrm{d}x \tag{2.97}$$

于是,角频率的大小为

$$\omega = \sqrt{\frac{\displaystyle\int_0^L EI\left[\frac{\mathrm{d}^2 Y(x)}{\mathrm{d}x^2}\right]^2 \mathrm{d}x}{\displaystyle\int_0^L \rho A Y(x)^2 \mathrm{d}x + MY\left(\frac{L}{2}\right)^2}} \tag{2.98}$$

借助 MATLAB 计算定积分可得

$$\omega = \sqrt{\frac{(500.547\,0EIc_1^2)/L^3}{mc_1^2 + M \cdot 2.522\,2c_1^2}} = \sqrt{\frac{198.457EI}{(0.396\,5m + M)L^3}} \tag{2.99}$$

式中:$m = \rho A L$,其中 ρ 为材料的密度,A 为梁的截面积,L 为梁的长度。

(2) 有轴向力时谐振梁谐振频率的计算

当谐振梁受到轴向力作用时,从能量法的角度可以理解成其改变了谐振梁的刚度,也就是改变了最大势能。由瑞雷法可得

$$T_{\max} = \frac{\omega^2}{2}\int_0^L \rho A Y(x)^2 \mathrm{d}x \tag{2.100}$$

$$U_{\max} = \frac{1}{2}\int_0^L EI\left[\frac{\mathrm{d}^2 Y(x)}{\mathrm{d}x^2}\right]^2 \mathrm{d}x + \frac{1}{2}\int_0^L F\left[\frac{\mathrm{d}Y(x)}{\mathrm{d}x}\right]^2 \mathrm{d}x \tag{2.101}$$

于是,角频率的大小为

$$\omega = \sqrt{\frac{\displaystyle\int_0^L EI\left[\frac{\mathrm{d}^2 Y(x)}{\mathrm{d}x^2}\right]^2 \mathrm{d}x + \int_0^L F\left[\frac{\mathrm{d}Y(x)}{\mathrm{d}x}\right]^2 \mathrm{d}x}{\displaystyle\int_0^L \rho A Y(x)^2 \mathrm{d}x}} \tag{2.102}$$

借助 MATLAB 计算定积分可得

$$\omega = \sqrt{\frac{(500.547EIc_1^2)/L^3 + (12.301\,8Fc_1^2)/L}{mc_1^2}} = \sqrt{\frac{500.547EI}{mL^3}\left(1 + \frac{0.024\,5\,8FL^2}{EI}\right)} \tag{2.103}$$

式中：$m = \rho AL$。

（3）既有附加质量又受轴向力时谐振梁谐振频率的计算

当谐振梁既有附加质量又受到轴向力时，由能量法的观点可以得出最大动能和最大势能同时发生改变。由瑞雷法可得

$$T_{\max} = \frac{\omega^2}{2}\int_0^L \rho AY(x)^2 \mathrm{d}x + \frac{\omega^2}{2}MY\left(\frac{L}{2}\right)^2 \tag{2.104}$$

$$U_{\max} = \frac{1}{2}\int_0^L EI\left[\frac{\mathrm{d}^2 Y(x)}{\mathrm{d}x^2}\right]^2 \mathrm{d}x + \frac{1}{2}\int_0^L F\left[\frac{\mathrm{d}Y(x)}{\mathrm{d}x}\right]^2 \mathrm{d}x \tag{2.105}$$

于是，角频率的大小为

$$\omega = \sqrt{\frac{\displaystyle\int_0^L EI\left[\frac{\mathrm{d}^2 Y(x)}{\mathrm{d}x^2}\right]^2 \mathrm{d}x + \int_0^L F\left[\frac{\mathrm{d}Y(x)}{\mathrm{d}x}\right]^2 \mathrm{d}x}{\displaystyle\int_0^L \rho AY(x)^2 \mathrm{d}x + MY\left(\frac{L}{2}\right)^2}} \tag{2.106}$$

借助 MATLAB 计算定积分可得

$$\omega = \sqrt{\frac{500.547EI/L^3 + 12.301\,8F/L}{m + M \cdot 2.522\,2}} = \sqrt{\frac{198.457EI}{(0.396\,5m + M)L^3}\left(1 + \frac{0.024\,58FL^2}{EI}\right)} \tag{2.107}$$

式中：$m = \rho AL$。

从所有传感器的谐振音叉结构看，DETF 需要驱动和检测梳齿，所以必然存在附加质量；从原理上看，DETF 是通过测量频率的变化来测出轴向力的大小的，所以也必然存在轴向力。于是，式（2.107）为最终所选用的公式。

2.3 MEMS 薄膜理论

在微机械中，膜片作为一类重要的敏感元件，主要用在硅 MEMS 压力传感器中，用于感知由外界压力变化所引起的变形。在其他领域如 MEMS 微泵中，可作为液体腔中的泵膜。

一般地，硅 MEMS 膜片可分为圆形膜片和矩形膜片两种。本节主要对由于压力变化引起的膜片的变形和应力分布情况进行分析，以为相关 MEMS 器件设计提供理论依据。

1. 周边固支圆平膜片理论[14]

周边固支圆平膜片的简单结构如图 2.31 所示，图中 R、H 分别为圆平膜片的半径（m）和厚度（m），分析过程中其边界条件为周边固支，即其周边部分 x、y、z 全约束，自由度为 0。当均布压力 p（此压力也可以看成是作用于膜片下表面的压力 p_2 与上表面压力 p_1 的差 $p_2 - p_1$）作用于膜片上时，周边固支圆平膜片的法向位移可表示为

$$\omega(r) = \frac{3p(1-\mu^2)}{16EH^2}(R^2-r^2) = \overline{W}_{\mathrm{R,max}}\left(1-\frac{r^2}{R^2}\right) \tag{2.108}$$

$$\overline{W}_{\mathrm{R,max}} = \frac{3p(1-\mu^2)}{16E} \cdot \left(\frac{R}{H}\right)^4 \tag{2.109}$$

式中：$\overline{W}_{\mathrm{R,max}}$ 表示圆平膜片的最大法向位移与其厚度的比值。

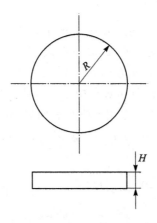

图 2.31　圆平膜片简图

圆平膜片上表面的径向位移为

$$u(r) = \frac{3p(1-\mu^2)(R^2-r^2)r}{8EH^2} \tag{2.110}$$

圆平膜片上表面应变和应力分别为

$$\left.\begin{array}{c} \varepsilon_r = \dfrac{3p(1-\mu^2)(R^2-3r^2)}{8EH^2} \\[3mm] \varepsilon_\theta = \dfrac{3p(1-\mu^2)(R^2-r^2)}{8EH^2} \\[3mm] \varepsilon_{r\theta} = 0 \end{array}\right\} \tag{2.111}$$

$$\left.\begin{array}{c} \sigma_r = \dfrac{3p}{8H^2}\left[(1+\mu)R^2-(3+\mu)r^2\right] \\[3mm] \sigma_\theta = \dfrac{3p}{8H^2}\left[(1+\mu)R^2-(1+3\mu)r^2\right] \\[3mm] \sigma_{r\theta} = 0 \end{array}\right\} \tag{2.112}$$

$$f_{\mathrm{R,B1}}(p) = f_{\mathrm{R,B1}}\sqrt{1+CP} \tag{2.113}$$

$$f_{\mathrm{R,B1}} \approx \frac{0.469H}{R^2}\sqrt{\frac{E}{\rho(1-\mu^2)}} \tag{2.114}$$

$$C = \frac{(1+\mu)(173-73\mu)}{120}(\overline{W}_{\mathrm{R,max}})^2 \tag{2.115}$$

式中：$f_{\mathrm{R,B1}}$ 为压力为零时圆平膜片最低阶固有频率（Hz）；C 为与圆平膜片材料、几何结构参数、物理参数等有关的系数（Pa^{-1}）；$\overline{W}_{R,max}$ 为圆平膜片大挠度变形情况下正中心处的最大法向位移与其厚度之比。

本理论的结果包括最大位移值的分布及计算、最大应力与应变的位置及计算，可为硅 MEMS 压力传感器信号转换元件的设计提供理论支持。

2. 周边固支矩形平膜片理论

周边固支矩形平膜片（rectangular diaphragm）的基本结构如图 2.32 所示，图中 A、B 和 H 分别表示矩形平膜片在 x 轴的半边长、y 轴的半边长和厚度。通常选 x 轴为其长度方向，y 轴为其宽度方向，即 $A \geqslant B$。E、μ、ρ 分别为材料的弹性模量（Pa）、泊松比和密度（kg/m^3）。分析过程中同样可认为其为周边固支，即 4 个侧面的 x、y、z 自由度都为 0。当压力 p 作用于膜片表面时（此压力也可以看成是作用于膜片下表面的压力 p_2 与上表面压力 p_1 的差 $p_2 - p_1$），矩形平膜片的法向位移可表示为

$$\omega(x,y) = \overline{W}_{Rec,max} H \left(\frac{x^2}{A^2} - 1 \right)^2 \left(\frac{y^2}{B^2} - 1 \right)^2 \tag{2.116}$$

$$\overline{W}_{Rec,max} = \frac{147 p (1-\mu^2)}{32 \left(\dfrac{7}{A^4} + \dfrac{7}{B^4} + \dfrac{4}{A^2 B^2} \right) E H^4} \tag{2.117}$$

式中：$\overline{W}_{Rec,max}$ 为矩形平膜片的最大法向位移与其厚度的比值。

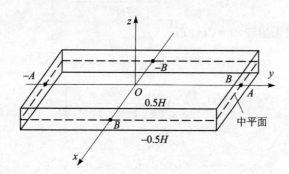

图 2.32　矩形平膜片图

矩形平膜片上表面在 x 方向与 y 方向的位移分别为

$$\left. \begin{aligned} u(x,y) &= -2\overline{W}_{Rec,max} \frac{H^2}{A} \left(\frac{x^2}{A^2} - 1 \right)^2 \left(\frac{y^2}{B^2} - 1 \right)^2 \cdot \frac{x}{A} \\ v(x,y) &= -2\overline{W}_{Rec,max} \frac{H^2}{A} \left(\frac{x^2}{A^2} - 1 \right)^2 \left(\frac{y^2}{B^2} - 1 \right)^2 \cdot \frac{y}{B} \end{aligned} \right\} \tag{2.118}$$

在均布压力 p 的作用下，矩形平膜片上表面的应变和应力分别为

$$\left. \begin{array}{l} \varepsilon_x = -2\overline{W}_{\text{Rec,max}}\left(\dfrac{H}{A}\right)^2\left(\dfrac{3x^2}{A^2}-1\right)\left(\dfrac{y^2}{B^2}-1\right)^2 \\[4mm] \varepsilon_y = -2\overline{W}_{\text{Rec,max}}\left(\dfrac{H}{B}\right)^2\left(\dfrac{x^2}{A^2}-1\right)^2\left(\dfrac{3y^2}{B^2}-1\right) \\[4mm] \varepsilon_{xy} = -16\overline{W}_{\text{Rec,max}}\,\dfrac{H^2}{AB}\left(\dfrac{x^2}{A^2}-1\right)\left(\dfrac{y^2}{B^2}-1\right)\cdot\dfrac{xy}{AB} \end{array} \right\} \tag{2.119}$$

$$\sigma_x = \frac{-2\overline{W}_{\text{Rec,max}}E}{(1-\mu^2)}\left[\left(\frac{H}{A}\right)^2\left(\frac{3x^2}{A^2}-1\right)\left(\frac{y^2}{B^2}-1\right)^2+\mu\left(\frac{H}{B}\right)^2\left(\frac{x^2}{A^2}-1\right)^2\left(\frac{3y^2}{B^2}-1\right)\right]$$

$$\sigma_y = \frac{-2\overline{W}_{\text{Rec,max}}E}{(1-\mu^2)}\left[\left(\frac{H}{B}\right)^2\left(\frac{3y^2}{B^2}-1\right)\left(\frac{x^2}{A^2}-1\right)^2+\mu\left(\frac{H}{A}\right)^2\left(\frac{y^2}{B^2}-1\right)^2\left(\frac{3x^2}{A^2}-1\right)\right]$$

$$\sigma_{xy} = \frac{-8\overline{W}_{\text{Rec,max}}E}{1+\mu}\cdot\frac{H^2}{AB}\left(\frac{x^2}{A^2}-1\right)\left(\frac{y^2}{B^2}-1\right)\cdot\frac{xy}{AB}$$

取 $A=B$，得到在均布压力 p 的作用下，方形平膜片的法向位移为

$$\omega(x,y) = \overline{W}_{\text{S,max}}H\left(\frac{x^2}{A^2}-1\right)^2\left(\frac{y^2}{A^2}-1\right)^2 \tag{2.120}$$

$$\overline{W}_{\text{S,max}} = \frac{49p(1-\mu^2)}{192E}\left(\frac{A}{H}\right)^4 \tag{2.121}$$

式中：$\overline{W}_{\text{S,max}}$ 为方形平膜片的最大法向位移与其厚度的比值。

方形平膜片上表面在 x 方向与 y 方向的位移分别为

$$\left. \begin{array}{l} u(x,y) = \dfrac{-49p(1-\mu^2)}{96E}\left(\dfrac{A}{H}\right)^2\left(\dfrac{x^2}{A^2}-1\right)\left(\dfrac{y^2}{A^2}-1\right)^2\cdot x \\[4mm] v(x,y) = \dfrac{-49p(1-\mu^2)}{96E}\left(\dfrac{A}{H}\right)^2\left(\dfrac{x^2}{A^2}-1\right)\left(\dfrac{y^2}{A^2}-1\right)^2\cdot y \end{array} \right\} \tag{2.122}$$

在均布压力 p 的作用下，方形平膜片上表面的应变和应力分别为

$$\left. \begin{array}{l} \varepsilon_x = \dfrac{-49p(1-\mu^2)}{96E}\left(\dfrac{A}{H}\right)^2\left(\dfrac{3x^2}{A^2}-1\right)\left(\dfrac{y^2}{A^2}-1\right)^2 \\[4mm] \varepsilon_y = \dfrac{-49p(1-\mu^2)}{96E}\left(\dfrac{A}{H}\right)^2\left(\dfrac{3y^2}{A^2}-1\right)\left(\dfrac{x^2}{A^2}-1\right)^2 \\[4mm] \varepsilon_{xy} = \dfrac{-49p(1-\mu^2)}{12E}\left(\dfrac{A}{H}\right)^2\left(\dfrac{x^2}{A^2}-1\right)\left(\dfrac{y^2}{A^2}-1\right)^2\cdot\dfrac{xy}{A^2} \end{array} \right\} \tag{2.123}$$

$$\sigma_x = \frac{-49p}{96}\left(\frac{A}{H}\right)^2\left[\left(\frac{3x^2}{A^2}-1\right)\left(\frac{y^2}{A^2}-1\right)^2+\mu\left(\frac{x^2}{A^2}-1\right)^2\left(\frac{3y^2}{A^2}-1\right)\right]$$

$$\sigma_y = \frac{-49p}{96}\left(\frac{A}{H}\right)^2\left[\left(\frac{3y^2}{A^2}-1\right)\left(\frac{x^2}{A^2}-1\right)^2+\mu\left(\frac{y^2}{A^2}-1\right)^2\left(\frac{3x^2}{A^2}-1\right)\right]$$

$$\left. \sigma_{xy} = \frac{-49(1-\mu)p}{24}\cdot\left(\frac{A}{H}\right)^2\left(\frac{x^2}{A^2}-1\right)\left(\frac{y^2}{A^2}-1\right)\cdot\frac{xy}{A^2}X \right\} \tag{2.124}$$

2.4 小 结

　　本章详细介绍了微机电系统中最常用的几种构件,包括静电梳齿驱动器、单端固支梁、双端固支梁、MEMS 圆平膜片以及 MEMS 矩形平膜片的相关理论。同时,针对微机械中常用到的微弱电容检测技术进行了详细论述。

参考文献

[1] Guo Z S, Feng Z. Theoretical and experimental study of capacitance considering fabrication process and edge effect for MEMS comb actuator[J]. Microsystem Technoloies, 2011, 17(1):71-76.

[2] 冯舟. MEMS 器件微弱电容检测技术及其实验研究[D]. 北京:北京航空航天大学,2009.

[3] 黄志洵, 王晓金. 微波传输线理论与实用技术[M]. 北京:科学出版社,1996:102-104.

[4] 史延龄,吴强. 用测频法测量电容量[J]. 测量与设备,2007(2):28-30.

[5] 刘俊,张斌珍. 微弱信号检测技术[M]. 北京:电子工业出版社,2005.

[6] 高晓丁,许卫星,胥光申. 电容式力传感器的研制[J]. 传感器技术,2002,21(7):21-22.

[7] 杨苗苗,陈德勇,王军波,等. 微机械电容式加速度传感器测试电路研究[J]. 传感技术学报,2006,19(6):2421-2424.

[8] Boser B E. New Applications of Cross-Talk-Based Capacitance Measurements[C]. Proc IEEE, International Conference on Microelectronic Test Structures, 2005,18:257-261.

[9] 徐涛,宋文爱,陈以方,等. 基于交流电桥的电容式水分检测电路的设计[J]. 信息化纵横,2009 (11):17-20,24.

[10] Harrison D, Dimeff J. A Diode-Quad Bridge Circuit for Use with Capacitance Transducers[J]. Review of Scientific Instruments,1973,44(10):1648-1472.

[11] Hu H L, Xu T M, Hui S E. A High-Accuracy, High-Speed Interface Circuit for Differential-Capacitance Transducer[J]. Sensors and Actuators, 2006, A125:329-334.

[12] Mochizuki K, Masuda T, Watanabe K. An Interface Circuit for High-accuracy Signal Processing of Differential-capacitance Transducers[J]. IEEE Transactions on Instrumentation and Measurement, 1998,47(4):823-827.

[13] 樊大钧,刘广玉. 新型弹性敏感元件设计[M]. 北京:国防工业出版社,1995.

[14] 樊尚春.传感器技术及应用[M]. 北京:北京航空航天大学出版社,2010.

第 3 章

MEMS 材料

3.1 概　述

微机电系统作为 20 世纪 90 年代发展最为迅猛的技术之一,其发展是随着相关材料的发展而发展的。如欲对 MEMS 进行全面了解,就必须对其材料进行深入学习。

通常,加工一个 MEMS 器件需经过在衬底上生长结构层、牺牲层、掩膜层等多步工序,因此,在研究 MEMS 材料时必须与相关工艺结合进行讨论。设计中要考虑材料的刻蚀选择比、材料粘附性以及微结构性质等。通常 MEMS 器件都是由多种材料构成的,每种材料都在其中发挥着不可替代的作用。本章主要针对单晶硅材料、多晶硅材料、二氧化硅材料以及金属铜材料等进行介绍。

3.2　单晶硅

3.2.1　单晶硅材料的特点

硅材料最早被用作微传感器可追溯到 1954 年。20 世纪 60 年代到 20 世纪 70 年代初,硅衬底上的机械和化学微加工技术不断向微尺度发展。20 世纪 70 年代中期,硅基压力传感器已得到大规模商业应用。20 世纪 80 年代初,美国斯坦福大学的 Roylance 和 Angell 发表了第一篇基于单晶硅材料的全硅微机械加速度传感器的文章,这标志着单晶硅材料在 MEMS 中得到了广泛的应用。

在 MEMS 器件中,单晶硅材料具有良好的各向异性腐蚀特性和掩膜材料的兼容性,可主要作为通用的体硅加工工艺材料。在表面微机械加工工艺中,不管器件本身是不是硅材料,单晶硅衬底都是最理想的 MEMS 结构平台。在硅集成 MEMS 器件中,单晶硅又是 IC 器件中的首要载体材料。

单晶硅之所以得到如此广泛的应用,原因如下:

① 它的力学性能稳定,并且可被集成到相同衬底的电子器件上,把输入信号转换为电信号。例如,在电容式微机械传感器中,通常可用基于硅材料的静电梳齿作为其信号转换元件,把传感器位移信号转换为电容信号,并通过 C/V 转换电路,把电容信号转换为电压信号;在压阻式传感器中,通过扩散工艺,在单晶硅表面扩散压敏电阻,实现把应力信号、位移信号转化为电阻的变化,并通过相关电路转化为电压信号等。

② 单晶硅可以说是一种非常理想的结构材料,它具有几乎与钢相同的弹性模量(约 200 GPa,但却与铝一样轻,其质量密度约 2.3 g/cm^3)。高弹性模量的材料可更好地保持载荷与变形的线性关系,该特性保障了诸多 MEMS 器件(如 MEMS 传感器)具有良好的力学特性。

③ 材料熔点为 1 400 ℃,约为铝的 2 倍。高熔点可使硅即使在高温的情况下也能保持尺寸的稳定性,保障了相关器件良好的耐高温特性。

④ 它的热膨胀系数是钢的 1/8,是铝的 10/1,使得温度变化对相关器件的影响极小,保证了其性能的稳定。该特性对于许多 MEMS 器件如谐振式硅微机械传感器的性能提高,具有非常重要的意义。

⑤ 几乎没有机械迟滞,是传感器和制动器的理想候选材料。而且,硅片表面粗糙度非常小,可以在其上制作涂层或附加薄膜层来形成微几何结构等。

⑥ 与其他衬底材料相比,硅衬底在设计和制造中具有更大的灵活性。硅衬底的处理和制作工艺已经比较成熟。

目前,高纯度的单晶硅制备主要采用了 Czochralski(CZ) 法。该方法采用溶硅法制备,其基本材料为氧化硅和碳化硅。这些材料在高温下反应生产出纯硅和其他气态副产品,化学反应式如下:

$$SiC + SiO_2 \rightarrow Si + CO + SiO \tag{3.1}$$

通过上述反应,生成的气体进入空气,液态硅留下来固化成纯硅。采用这种方法生产的圆盘形纯单晶硅芯棒有三种标准尺寸,直径分别为 100 mm、150 mm 和 200 mm。更大尺寸的单晶硅芯棒的直径为 300 mm,是最新补充的标准晶片尺寸。目前出厂标准的晶片尺寸和厚度如下:

直径 100 mm(4 in)× 厚 500 μm

直径 150 mm(6 in)× 厚 750 μm

直径 200 mm(8 in)× 厚 1 mm

直径 300 mm(12 in)× 厚 750 μm

3.2.2　单晶硅的晶向

1. 密勒指数、晶面和晶向

欲了解单晶硅的各种特性,并对其各向异性腐蚀、硅压阻效应等产生的原因有所了解,就必须了解单晶硅材料的一些基本特性,例如物理、化学特性以及一些相关的基本概念等。

密勒指数(Miller indices)是一个重要的对单晶硅材料各向异性特性进行表征的物理量,是指以晶胞基矢定义的互质整数,用以表示晶面的方向,又称为晶面指数。

在 $x-y-z$ 组成的坐标系中,任一平面上的点 $P(x,y,z)$ 符合以下方程式:

$$\frac{x}{a}+\frac{y}{b}+\frac{z}{c}=1 \tag{3.2}$$

式中:a、b、c 分别为平面在 x、y 和 z 轴形成的截距。

如果令

$$\frac{1}{a}:\frac{1}{b}:\frac{1}{c}=h:k:l \tag{3.3}$$

则上述数值中的 h、k、l 就是密勒指数,它们为无公约数的最大整数。

如果用 (hkl) 来指定平面,用 $<hkl>$ 指定平面 (hkl) 的垂直方向,则称为晶向。可见,采用密勒指数确定晶体晶面及晶向的步骤如下:

① 确定某平面在直角坐标系 3 个轴上的截点,并以晶格常数为单位测得相应的截距;

② 取截距的倒数,然后约简为 3 个没有公约数的整数,即将其化简成最简单的整数比;

③ 将此结果以"(hkl)"表示,即为此平面的密勒指数。

2. 计算实例

图 3.1 所示为单晶硅晶体结构图,立方体 8 个角上有 8 个硅原子。其晶面和晶向表示如下:

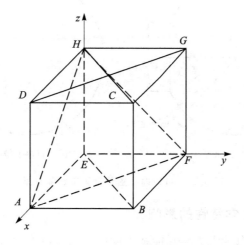

图 3.1　单晶硅晶体结构

(1) ABCD 面

该面在 x、y、z 轴的截距分别为 1、∞、∞，故有 $h:k:l=1:0:0$，于是晶面表示为 (100)，相应的晶向为 $<100>$。

(2) ADGF 面

该面在 x、y、z 轴的截距分别为 1、1、∞，故有 $h:k:l=1:1:0$，于是晶面表示为 (110)，相应的晶向为 $<110>$。

(3) AFH 面

该面在 x、y、z 轴的截距分别为 1、1、1，故有 $h:k:l=1:1:1$，于是晶面表示为 (111)，相应的晶向为 $<111>$。

上述三种晶向为日常工艺中最常用的三种单晶硅材料，在 MEMS 中应用最广。

3. 硅片类型识别方法[1]

基于前述内容可知，$<110>$、$<100>$ 和 $<111>$ 硅片具有不同的应用情况。由于该三种硅片制作完成后非常难以辨认，因此，晶片供应商在供货时，一般利用平面给出晶片是沿着哪个方向切割的，也就是 $<110>$、$<100>$ 或 $<111>$。硅晶体单晶芯棒的边缘可被磨成单一的平面。在有些情况下，也会给出附加的某一个副平面加以区分。因此，从这些单晶硅芯棒切下来的晶片可能包含一个或两个平面。一般包括主参考面和副参考面，其中，主参考面用于指明晶片结构的晶体取向，副参考面用于指出晶片的掺杂类型。图 3.2 所示为垂直于 (111) 方向的 p 型硅晶体的平面，在图中与主平面成 $45°$ 角的副参考面表示该晶片为 n 型掺杂。同样，$<100>$ 方向掺杂类型识别如图 3.3 所示。利用上述方法可对购置的硅片进行识别。

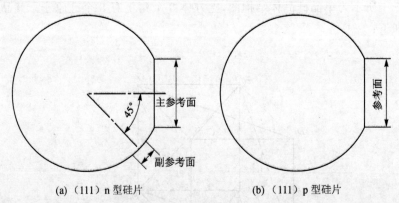

(a) (111) n 型硅片　　　　　　　　(b) (111) p 型硅片

图 3.2　(111)硅片主参考面和副参考面

4. 晶向对硅片力学特性的影响

硅片的晶向作用使得其力学性能在不同的方向上具有较大的差异。因此，在计算其力学特性时要充分考虑硅片的晶向。单晶硅片在不同晶向上的力学特性如表 3.1 所列。

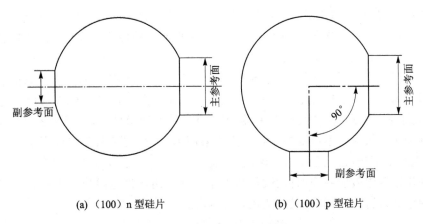

(a)（100）n 型硅片　　　　　　(b)（100）p 型硅片

图 3.3　（100）硅片主参考面和副参考面

表 3.1　单晶硅片在不同晶向上的弹性模量和剪切模量

单晶硅晶向	弹性模量 E/GPa	剪切模量 G/GPa
<100>	129.5	79.0
<110>	168.0	61.7
<111>	186.5	57.5

5. 晶向对硅片化学特性的影响

由于不同晶向的硅片在晶面上其硅原子晶格距离不同,导致化学键大小也不同((100)最小,(111)最大)。不同距离的晶格导致的第一个结果是在化学腐蚀过程中(硅片腐蚀采用 KOH 湿法腐蚀)破坏化学键需要的能量不同,使得腐蚀速率具有很大的差异。实验表明,在(100)晶面进行腐蚀时速率最快,在(111)晶面进行腐蚀时速率最慢,且由于硅片的湿法腐蚀是各向异性腐蚀,导致腐蚀过程中会出现不同的腐蚀角。对不同晶向的硅片腐蚀速率及腐蚀角度的具体数值将在第 4 章中阐述。

6. 单晶硅的压阻效应[2]

硅片的压阻效应在各种压阻式传感器中非常常见。硅压阻效应定义为:当单晶硅材料受到外力作用时,由于其内应力发生变化,导致其电阻值发生变化的现象。

1856 年,Lord Kelvin 发现了硅片的压阻效应,其是指在硅片上加载机械应力后造成体电阻出现变化的效应。尽管很多材料呈现压阻特性,但是,1954 年 Smith 发现的半导体材料的压阻效应却具有划时代的意义。关于压阻的物理本质及其与晶向的关系,是 Kanda 在 1982 年以及 Middlehoek 和 Audet 在 1989 年建立的。半导体的压阻效应比金属要高出一个数量级。可见,相对于某些金属材料,硅单晶不但具有良好的机械和电学特性,还具有优异的压阻特性。因此,它成为将机械变形转换为电信号的最佳材料之一,诸多 MEMS 器件如 MEMS 压力传感器、压阻式加速度传感器等,都是采用这一原理制作的。利用单晶硅压阻特性制作的传感器称为压阻式传感器。

半导体材料的压阻效应通常有两种应用方式:一种是利用半导体材料的体电阻做成粘贴式应变片;另一种是在半导体材料的基片上,用集成电路工艺制成扩散型压敏电阻或离子注入型压敏电阻。其中,前者主要用于传统的体积较大的压阻式传感器;而对于 MEMS 压阻式传感器来说,由于其尺寸在微米量级,采用粘贴的方式实现传感器的压阻效应是不可能的,因此,只能采用 IC 工艺的扩散工艺或离子注入等方法,实现批量生产,这也是本书讨论的重点。

利用该压阻效应制作的传感器,其工作原理可用器件电阻公式表示。依据电阻大小的定义,任何材料的电阻的变化率均可写成

$$\frac{\mathrm{d}R}{R} = \frac{\mathrm{d}\rho}{\rho} + \frac{\mathrm{d}L}{L} - 2\frac{\mathrm{d}r}{r} \tag{3.4}$$

对于金属电阻而言,由于其中自由电子数量很大,电阻率变化 $\mathrm{d}\rho/\rho$ 相对很小,其变化主要为由几何变形量 $\mathrm{d}L/L$ 和 $\mathrm{d}r/r$ 形成的电阻的应变效应。利用该特性研制体现电阻变化的器件称为应变片,相应的传感器称为应变式传感器;而对于半导体材料而言,其 $\mathrm{d}\rho/\rho$ 很大,而几何变形量 $\mathrm{d}L/L$ 和 $\mathrm{d}r/r$ 却很小,可忽略不计,这是由半导体材料的导电特性决定的。

半导体材料的电阻取决于有限数目的载流子、空穴和电子的迁移。其电阻率可表示为

$$\rho \propto \frac{1}{eN_i\mu_{av}} \tag{3.5}$$

式中:N_i 为载流子的浓度;μ_{av} 为载流子的平均迁移率;e 为电子电荷量,$e = 1.602 \times 10^{-19}$ C。

当应力作用于半导体材料时,单位体积内载流子的数目即载流子的浓度 N_i 和载流子的平均迁移率 μ_{av} 都要发生变化,从而使电阻率 ρ 发生变化,这就是半导体压阻效应的本质。

实验研究表明:半导体材料的电阻率的相对变化可写为

$$\frac{\mathrm{d}\rho}{\rho} = \pi_L\sigma_L \tag{3.6}$$

式中:π_L 为压阻系数(Pa^{-1}),表示单位应力引起的电阻率的相对变化量;σ_L 为应力(Pa)。

对于单向受力的晶体,引入 $\sigma_L = E\varepsilon_L$。由式(3.6)可知,电阻率的变化率可写为

$$\frac{\mathrm{d}\rho}{\rho} = \pi_L E\varepsilon_L \tag{3.7}$$

把式(3.7)代入式(3.4),电阻的变化率可写为

$$\frac{\mathrm{d}R}{R} = \frac{\mathrm{d}\rho}{\rho} + \frac{\mathrm{d}L}{L} + 2\mu\frac{\mathrm{d}L}{L} = (\pi_L E + 2\mu + 1)\varepsilon_L = K\varepsilon_L \tag{3.8}$$

$$K =\pi_L E + 2\mu + 1 \approx \pi_L E \tag{3.9}$$

半导体材料的弹性模量 E 的量值范围为 $1.3\times10^{11} \sim 1.9\times10^{11}$ Pa,压阻系数 π_L 的量值范围为 $40\times10^{-11} \sim 80\times10^{-11}$ Pa^{-1},故 $\pi_L E$ 的范围为 $50\sim150$,μ 为材料的泊松比。因此在半导体材料压阻效应中,其应变系数远远大于金属的应变系数,且主要是由电阻率的相对变化引起的,而不是由几何形变引起的。基于上面的分析,有

$$\frac{dR}{R} \approx \pi_L \sigma_L =\pi_L E \varepsilon_L \tag{3.10}$$

利用半导体材料的压阻效应可以制成压阻式传感器。其主要优点是:压阻系数很高,分辨率高,动态响应好,易于向集成化、智能化方向发展;但其最大的缺点是:压阻效应的温度系数大,存在较大的温度误差。

3.3　多晶硅

多晶硅作为 MEMS 中非常重要的另一类材料,一般都是各向同性的,所以不存在晶向问题。许多 MEMS 器件都是基于单晶硅材料的表面硅工艺制作完成的。利用该工艺,可制作许多复杂的微结构(见图 3.4)以及很多加速度传感器、微机械陀螺等。

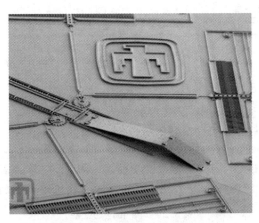

图 3.4　利用多晶硅制作的微结构

在 MEMS 和 IC 应用中,多晶硅薄膜通常采用低压化学气相沉积(LPCVD)工艺制备。这种技术于 20 世纪 70 年代首次实现商业化,随后成为微电子工业的一项标准工艺。标准的多晶硅 LPCVD 反应室是基于热壁电阻加热的水平石英管设计的,如图 3.5 所示。通过电阻加热单元加热石英管,炉中圆片表面得以升温。圆片垂直、均匀地放置在反应炉的石英舟槽中,圆片之间需要保持一定的间距,以满足淀积过程中能以反应控制形式进行,保证每个圆片表面薄膜的均匀生长。所谓反应控制,就是淀积的速率由衬底表面反应物的反应速率决定,与之对应的扩散控制的速率则由表

面反应物的运输速率决定。由于淀积速率与表面温度呈指数关系,所以需要精确地控制反应室温度。反应控制电机的保形性很好,这对多层加工非常重要。

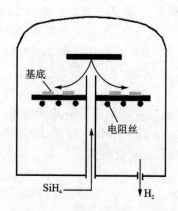

图 3.5   多晶硅制备原理图

多晶硅淀积的常用温度为 $580\sim650\ ℃$,压力范围为 $100\sim400\ mTorr$(注: $1\ mTorr=0.133\ Pa$),最常用的反应气体为 SiH_4,分解方程式为

$$SiH_4 \rightarrow Si + 2H_2 \uparrow \tag{3.11}$$

3.4   二氧化硅

二氧化硅可以热生长在硅衬底上,也可以通过工艺手段淀积在硅衬底上。在微机电系统材料中,二氧化硅主要有三种作用:

① 作为器件绝缘层,防止器件之间的相互导电。

② 在表面硅微工艺中作为牺牲层材料。

③ 在体硅刻蚀工艺中作为掩膜材料(仅为硅与 KOH 腐蚀速率的千分之一),这也是MEMS 工艺中二氧化硅最主要、最常用的功能。一般地,制备二氧化硅最常用的方法是采用热氧化工艺和 LPCVD 工艺。二氧化硅的一些机械特性如表 3.2 所列。

表 3.2   二氧化硅的性能

性　质	数　值
密度/$(g \cdot cm^{-3})$	2.27
电阻率/$(\Omega \cdot cm)$	$\geqslant 10^{16}$
相对介电常数	3.9
熔点/ ℃	1 700
比热容/$[J \cdot (g \cdot ℃)^{-1}]$	1.0
热导率/$[W \cdot (cm \cdot ℃)^{-1}]$	0.014
$10^6 \cdot$ 热膨胀系数/$(℃^{-1})$	0.5

硅的氧化工艺可分为干法氧化和湿法氧化两种,其中,干法氧化是在反应炉中通入干氧进行;湿法氧化是在反应炉中通入水蒸气实现的,两者的反应方程式如下:

干法氧化:

$$Si + O_2 \rightarrow SiO_2 \tag{3.12}$$

湿法氧化:

$$Si + 2H_2O \rightarrow SiO_2 + 2H_2 \tag{3.13}$$

在二氧化硅材料中,最典型的形式是石英材料,由于其本身具有良好的压电特性且具有极高的品质因数(十几万),因此常作为谐振器应用于诸多传感器中(如石英振梁传感器),具体内容会在压电材料中讲解,石英材料的一些特性参数如表 3.3 所列。

表 3.3　石英的一些特性参数

性　质	平行于 z 轴的值	垂直于 z 轴的值
热导率/(kcal·(cm·s·℃)$^{-1}$)	29×10^{-3}	16×10^{-3}
相对介电常数	4.6	4.5
密度/(kg·m^{-3})	2.66×10^3	2.66×10^3
10^6·热膨胀系数/(℃$^{-1}$)	7.1	13.2
电阻率/(Ω·cm)	0.1×10^{15}	20×10^{15}
断裂强度/GPa	1.7	1.7
硬度/GPa	12	12

3.5　压电材料

3.5.1　压电材料的正压电效应与逆压电效应

某些电介质,当沿一定方向对其施加外力导致材料发生形变时,其内部将发生极化现象,同时在其某些表面产生电荷;当去掉外力时,又重新回到不带电状态。这种将机械能转变成电能的现象称为"正压电效应"。反过来,在电介质极化方向施加电场,它会产生机械变形;当去掉外加电场时,电介质的变形随之消失。这种将电能转变成机械能的现象称为"逆压电效应",又称"电致伸缩效应"。电介质的"正压电效应"与"逆压电效应"统称为压电效应。目前,利用逆压电效应可以制成微小驱动器,甚至制成高频振动台;而压电式传感器通常利用正压电效应来实现。具有压电特性的材料称为压电材料,可以分为天然的压电晶体材料和人工合成的压电材料。自然界中,压电晶体的种类很多,如石英、酒石酸钾钠、电气石、硫酸铵和硫酸锂等。其中,石英晶体是一种最具实用价值的天然压电晶体材料。人工合成的压电材料主要有压电陶瓷和压电薄膜。

3.5.2 石英晶体

1. 石英晶体的压电机理[2]

一般地,石英晶体都具有比较规则的几何形状。石英晶体有三个晶轴,分别为

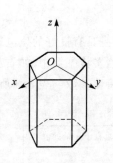

图 3.6　石英晶体坐标系

x、y、z 轴,如图 3.6 所示。其中,z 轴为光轴,它是利用光学方法确定的,没有压电特性;经过晶体的棱线,并垂直于光轴的 x 轴称为电轴;垂直于 zx 平面的 y 轴称为机械轴。石英晶体的压电特性与其内部结构有关,如图 3.7 所示,图中⊕代表 Si^{4+},⊖代表 $2O^{2-}$。当石英晶体未受到外力作用时,Si^{4+} 和 $2O^{2-}$ 正好分布在正六边形的顶角上,形成三个大小相等、互成 120°夹角的电偶极矩 p_1、p_2 和 p_3,如图 3.7(a)所示。电偶极矩的大小为 $p = ql$,其中,q 为电荷量,l 为正、负电荷之间的距离。电偶极矩的方向由负电荷指向正电荷。此时正、负电荷中心重合,电偶极矩的

矢量和等于零,即 $p_1 + p_2 + p_3 = 0$。因此,晶体表面不产生电荷,石英晶体从总体上说呈电中性。

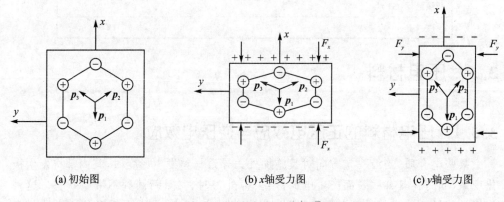

(a) 初始图　　　　　　　(b) x 轴受力图　　　　　　　(c) y 轴受力图

图 3.7　石英材料工作机理

当石英晶体受到沿 x 轴方向的压缩力作用时,晶体沿 x 轴方向产生压缩变形,正、负离子的相对位置随之变动,正、负电荷中心不再重合,如图 3.7(b)所示。电偶极矩在 x 轴方向的分量为 $(p_1 + p_2 + p_3)_x > 0$,在 x 轴的正方向的晶体表面上出现正电荷;而在 y 轴和 z 轴的晶体表面上不出现电荷。这种沿 x 轴方向施加作用力,而在垂直于 x 轴晶面上产生电荷的现象,称为纵向压电效应。

当石英晶体受到沿 y 轴方向的压缩力作用时,沿 x 轴方向产生拉伸变形,正、负离子的相对位置随之变动,晶体的变形如图 3.7(c)所示,正、负电荷中心不再重合。电偶极矩在 x 轴方向的分量为 $(p_1 + p_2 + p_3)_x < 0$,在 x 轴的正方向的晶体表面上出

现负电荷；同样在 y 轴和 z 轴方向的分量均为零，在垂直于 y 轴和 z 轴的晶体表面上不出现电荷。这种沿 y 轴方向施加作用力，而在垂直于 x 轴晶面上产生电荷的现象，称为"横向压电效应"。

当石英晶体受到沿 z 轴方向的力，无论是拉伸力还是压缩力时，由于晶体在 x 轴方向和 y 轴方向的形变相同，正、负电荷的中心始终保持重合，电偶极矩在 x 轴方向和 y 轴方向的分量等于零，所以沿 z 轴方向施加作用力，石英晶体不会产生压电效应。

当作用力 F_x 或 F_y 的方向相反时，电荷的极性将随之改变。同时如果石英晶体的各个方向同时受到均等的作用力（如液体压力），那么石英晶体将保持电中性，即石英晶体没有体积变形的压电效应。在微机电系统中，压电材料作为一类非常重要的材料，具有非常重要的应用。

2. 石英晶体的压电常数

从石英晶体上取出一片平行六面体，使其晶面分别平行于 x、y、z 轴，晶片在 x、y、z 轴向的几何参数分别为 h、L、W，如图 3.8 所示。

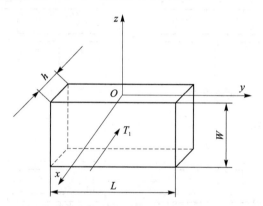

图 3.8　石英六面体模型

垂直于 x 轴表面上产生的电荷密度的计算

当晶片受到 x 轴方向的压缩应力 $T_1(\mathrm{N/m^2})$ 作用时，晶片将产生厚度变形，在垂直于 x 轴表面上产生的电荷密度 $\sigma_{11}(\mathrm{C/m^2})$ 与应力 T_1 成正比，即

$$\sigma_{11} = d_{11}T_1 = d_{11}\frac{F_1}{LW} \tag{3.14}$$

式中：d_{11} 为压电常数，$d_{11} = 2.31 \times 10^{-12}$ C/N，表示晶片在 x 轴方向承受正应力时，单位压缩正应力在垂直于 x 轴的晶面上所产生的电荷密度；F_1 为沿晶轴 x 方向施加的压缩力（N）。

由式（3.14）可得

$$q_{11} = \sigma_{11}LW = d_{11}F_1 \tag{3.15}$$

这表明:在上述情况下,当石英晶片的 x 轴方向受到压缩应力时,在垂直于 x 轴的晶面上所产生的电荷量 q_{11} 与作用力 F_1 成正比,所产生的电荷极性如图3.9(a)所示。当石英晶片在 x 轴方向受到拉伸作用力时,在垂直于 x 轴的晶面上将产生电荷,但极性与受压缩的情况相反,如图3.9(b)所示。

当石英晶片受到 y 轴方向的作用力 F_2 时,同样在垂直于 x 轴的晶面上产生电荷,电荷的极性如图3.9(c)(受到压缩正应力)或图3.9(d)(受到拉伸正应力)所示。电荷密度 σ_{12} 与所受到的作用力的关系为

$$\sigma_{12} = d_{12}T_2 = d_{12}\frac{F_2}{hW} \tag{3.16}$$

式中:d_{12} 为晶体在 y 轴方向承受机械应力时的压电常数(C/N),表示晶片在 y 轴方向承受应力时,在垂直于 x 轴的晶面上所产生的电荷密度;T_2 为沿晶轴 y 轴方向施加的正应力(N/m^2)。

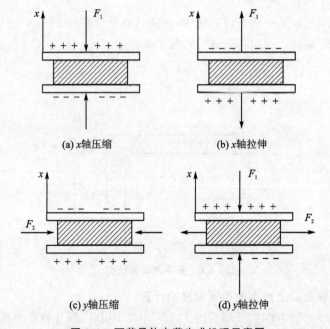

(a) x轴压缩　　　　　　　　　(b) x轴拉伸

(c) y轴压缩　　　　　　　　　(d) y轴拉伸

图3.9　石英晶体电荷生成机理示意图

由式(3.16)可得

$$q_{12} = \sigma_{12}LW = d_{12}\frac{F_2}{hW}LW = d_{12}\frac{LF_2}{h} \tag{3.17}$$

根据石英晶体的轴对称条件,有

$$d_{12} = -d_{11} \tag{3.18}$$

$$q_{12} = -d_{11}\frac{L}{h}F_2 \tag{3.19}$$

这表明:当沿机械轴方向对石英晶片施加作用力时,在垂直于 x 轴的晶面上所产生的电荷量与晶片的几何参数有关。适当选择晶片的参数 (h,L) 可以增加电荷量,提高灵敏度。

3.5.3　压电陶瓷

1. 压电陶瓷工作机理

压电陶瓷是人工合成的多晶压电材料,它由无数细微的电畴组成,这些电畴实际上是自发极化的小区域,自发极化的方向完全是任意排列的。在无外电场作用时,从整体上看,这些电畴的极化效应被相互抵消了,使原始的压电陶瓷呈电中性,不具有压电性质。

为了使压电陶瓷具有压电效应,必须进行极化处理。所谓极化处理,就是在一定温度下对压电陶瓷施加强电场,经过 2~3 h 后,压电陶瓷就具备了压电性能。这是因为陶瓷内部电畴的极化方向在外电场作用下都趋向于电场的方向,这个方向就是压电陶瓷的极化方向。

经过极化处理的压电陶瓷,在去掉外电场后,其内部仍存在很强的剩余极化强度。当压电陶瓷受到外力作用时,电畴的界限发生移动,因此剩余极化强度将发生变化,压电陶瓷就呈现出压电效应。

2. 压电换能元件的等效电路

当压电换能元件受到外力作用时,会在压电元件一定方向的两个表面(即电极面)上产生电荷:在一个表面上聚集正电荷,在另一个表面上聚集负电荷。因此,可以把用作正压电效应的压电换能元件看作是一个静电荷发生器。显然,当压电元件的两个表面聚集电荷时,相当于一个电容器。起点容量为

$$C_a = \frac{\varepsilon S}{\delta} = \frac{\varepsilon_r \varepsilon_0 S}{\delta} \tag{3.20}$$

式中:C_a 为压电元件的电容量(F);S 为压电元件电极面的面积(m^2);δ 为压电元件的厚度(m);ε 为极板间的介电常数(F/m);ε_0 为真空中的介电常数(F/m);ε_r 为极板间的相对介电常数,$\varepsilon_r = \varepsilon/\varepsilon_0$。

因此可以把压电换能元件等效为一个电荷源与一个电容相并联的电荷等效电路,如图 3.10(a)所示。

由于电容上的开路电压 U_a、电荷量 q 与电容 C_a 三者之间存在以下关系,即

$$U_a = \frac{q}{C_a} \tag{3.21}$$

所以压电换能元件又可以等效为一个电压源和一个串联电容表示的电压等效电路,如图 3.10(b)所示。

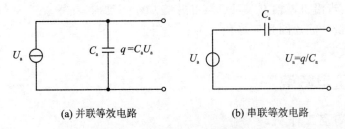

(a) 并联等效电路   (b) 串联等效电路

图 3.10   压电元件等效电路图

可见,压电换能元件受到外界作用后直接转换出的是"电荷量",而非"电压量"。在设计相关电路时,要增加把电荷量转换为电压量的电路。

3.6   其他 MEMS 材料

其他 MEMS 材料包括碳化硅 SiC、氮化硅 Si_3N_4、形状记忆合金、金属材料以及聚合物材料等。

1. Si_3N_4 材料

Si_3N_4 材料是 MEMS 中应用十分广泛的材料,该材料具有好的绝缘性、超强的抗氧化能力以及耐腐蚀等特点,常被用作湿法刻蚀中的掩膜材料以及绝缘材料。Si_3N_4 的制备有两种方法,即 LPCVD 和 PECVD。

2. SiC 材料

与 Si_3N_4 材料类似,SiC 材料具有良好的温度稳定性,甚至在极高的温度下,该材料也具有很强的氧化抵抗力。MEMS 器件经常淀积一层该薄膜以防止高温时被破坏。同时,该材料具有良好的抗腐蚀能力。

3. 金属材料

金属材料在 MEMS 中可作为金属掩膜(如 ICP (Inductively Coupled Plasma)工艺中用铝作为工艺的掩膜层)、结构材料(如图 3.11 所示的电磁型微电机定子线圈等)、衬底导线材料(几乎所有工艺都采用溅射的方法在基底制作铜金属线)以及导线材料(如利用焊接方法制备的金线等,用于实现器件和测试电路的连接,如图 3.12 所示的谐振式硅微机械陀螺上的金线,采用压焊的方法连接在芯片上)。不同的金属材料有不同的连接方式,例如,作为种子层的金属可采用溅射或沉积的方法生成;作为结构材料的金属层可采用电镀的方法实现;作为与控制电路连接的导线可采用压焊的方法实现;如欲生成在芯片表面的连接导线,则可采用剥离工艺实现(具体工艺将在第 4 章中介绍)。

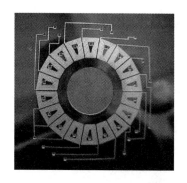

图 3.11　电磁型微电机定子线圈显微图

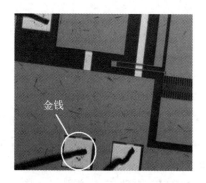

图 3.12　谐振式硅微机械陀螺金线连接显微图

3.7　小　结

　　本章介绍了几种常用的 MEMS 材料,包括单晶硅、多晶硅、二氧化硅、石英材料、压电陶瓷以及金属材料等。其中,单晶硅材料作为最常用的 MEMS 材料,其压阻特性及由晶向导致的各向异性是需要注意的关键点。对于石英和压电陶瓷来说,MEMS 器件主要利用了其正压电效应与逆压电效应,前者为天然材料,而后者为人工材料,材料压电效应生成的原因是不同的。同时,对于压电材料来说,其最终生成的是电荷而不是电压,所以其测试电路中要增加电荷-电压转换电路。

参考文献

[1] 刘广玉,樊尚春. 微机械电子系统及其应用[M]. 北京:北京航空航天大学出版社,2015.

[2] 樊尚春. 传感器技术及应用[M]. 北京:北京航空航天大学出版社,2010.

第 4 章

MEMS 工艺

4.1 概　述

  MEMS 技术是随着 MEMS 器件加工工艺的发展而发展的,MEMS 加工工艺 (microfabrication process)的水平决定了器件的性能。因此,对于相关专业的学生及 研究人员来说,了解各种 MEMS 加工工艺的工作原理及其加工性能是十分必要的。

  图 4.1 所示为典型的 MEMS 体硅工艺流程。由图可知,该工艺主要包括两部 分,第一部分为光刻工艺(虚线框中的部分),用于把待刻图形从光刻版转移到硅片 上;第二部分为腐蚀部分,用于生成需要的最终结构(本实例采用 KOH 溶液腐蚀)。

  本章对工艺的介绍着重于光刻和结构制作两部分,其中,光刻工艺可分为硅片清 洗、硅化氧化、匀胶工艺、前烘、曝光、显影、坚膜和开二氧化硅窗口等几部分;结构制 作部分生成最终结构层的方法较多且归类较困难,主要分为表面硅工艺、体硅工艺、 LIGA 工艺、准 LIGA 工艺、薄膜制备工艺、溅射工艺、键合工艺等,其中,表面硅工 艺、体硅工艺、LIGA 工艺、准 LIGA 工艺、薄膜制备工艺、溅射工艺用于生成结构层, 而键合工艺用于不同结构层之间的结合。

4.2　MEMS 光刻工艺

  微机械加工工艺光刻(photolithography)也称为照相平版印刷(术),它源于微电 子的集成电路制造,是在微机械制造领域应用较早并仍被广泛采用且不断发展的一 类微细加工方法。光刻是加工制作微机电器件的关键工艺技术,其原理与印刷技术 中的照相制版相似,首先通过在硅等基体材料上涂覆光致抗蚀剂(或称为光刻胶),然 后利用具有一定波长的光源(目前主要采用极紫外光)通过掩膜对光刻胶层进行曝光 (或称光刻)。经显影后,在光刻胶层上获得了与掩膜图形相同的几何图形。再利用

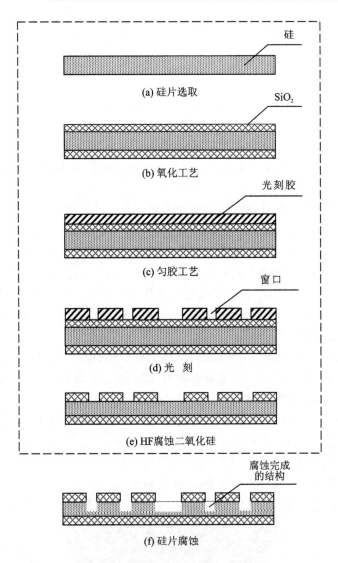

图 4.1　典型的 MEMS 体硅工艺流程

腐蚀等方法,在工件材料上制造出微型结构。

　　1958 年,光刻技术在半导体器件制造中首次得到成功应用,该技术大大推动了集成电路的发明和飞速发展。数十年以来,集成技术不断微小型化,其中光刻技术发挥了重要的作用。发展到现在,图形线条的宽度缩小了约 3 个数量级,目前已可实现小于 1 μm 线宽的加工;集成度提高了约 6 个数量级,已经制成包含百万个甚至千万个元器件的集成电路芯片。

　　光刻技术一般由如下基本的工艺过程构成:

　　① 版图设计:按照产品图纸的技术要求,采用 CAD 等技术对加工图案进行图形设计。

　　② 掩膜版制作:通过数控绘图机,制作光刻用掩膜版。

③ 硅片清洗：通过脱脂、酸洗、水洗等方法使被加工表面得以净化，使硅片干燥，以利于光刻胶与硅表面有良好的粘着力，并防止光刻过程中灰尘对光刻线条的影响。

④ 硅片氧化：通过硅片氧化工艺（或气相沉积等），在硅片表面制作一层致密的二氧化硅层，在腐蚀工艺中起到掩膜作用。

⑤ 匀胶工艺：采用专用设备（匀胶机），在待光刻的硅片表面均匀涂上一层粘附性好、厚度适当的光刻胶。

⑥ 前烘：采用专用设备如烘箱等，使光刻胶膜中的水分充分挥发，进而使光刻胶变得干燥，以增加胶膜与硅片表面的粘附性和胶膜的耐磨性，同时使曝光时能进行充分的光化学反应。

⑦ 曝光：在对光刻胶前烘完毕的硅片表面上覆盖掩膜版（真空接触式），或将掩膜置于光源和光刻胶之间（非接触式），利用紫外光等透过掩膜对光刻胶进行选择性照射。在受到光照的地方光刻胶发生光化学反应，从而改变了感光部分胶的性质，实现待制作图形从掩膜版到光刻胶膜的转变。

⑧ 显影：显影的目的在于使曝过光的硅片表面的光刻胶膜呈现与掩膜版相同（正性光刻胶）或相反（负性光刻胶）的图形。为保证质量，显影要在特定的具有一定配比的显影液中进行。

⑨ 坚膜：由于显影过程中光刻胶膜浸泡于显影液中使得胶膜变软，影响后续腐蚀工艺并可能使胶膜与硅片之间紧密粘附，因此采用专用设备（如烘箱），对硅片进行再次烘干，以增加其抗蚀能力。

⑩ 开二氧化硅窗口：以坚膜后的光刻胶膜作为掩蔽层，通过 HF 溶液，对衬底的二氧化硅研磨进行腐蚀，把图形成功地从光刻胶膜转移到二氧化硅薄膜上，利用其掩膜特性，进行后续的腐蚀工艺，制作出需要的微结构。

⑪ 去胶：采用酒精或丙酮等溶液，去除光刻胶膜。

光刻工艺是在超静间（见图 4.2 和图 4.3）进行的，超静间中的纯净度是用"级"

图 4.2　超静间(1)

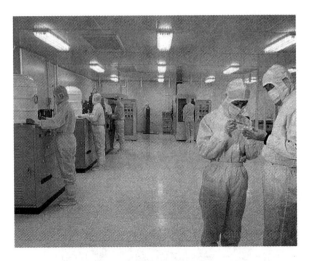

图 4.3　超静间(2)

表示的,多少级表示该环境中的灰尘颗粒数。例如,"千级"表示每立方米空气中灰尘颗粒数不超过 1 000 个。一般地,对于 IC 工艺来说,由于芯片尺寸极小,故要求其超静间在"百级";而对于 MEMS 工艺来说,一般要求"千级"即可。

由于 MEMS 器件尺寸很小,微小的静电、水等都会对其产生极大影响,甚至导致其失效,因此,超静间中一般都会穿静电防护服,以防止静电的产生。

4.3　关键光刻工艺理论

4.3.1　硅片清洗

硅片表面的清洗过程是 MEMS 工艺的起始工艺,同样也是一个非常重要的过程。硅片清洗不干净(如有灰尘、污垢等),会导致涂胶过程中光刻胶膜厚度分布不均匀。光刻胶显影后,在涂胶面上有时会以该杂质为中心积聚许多显影不彻底的光刻胶,形成一个个"小岛",直接影响制作效果,甚至导致制作失败。硅片清洗一般在清洗机中完成,清洗过程中首先选取去污能力较强的四氯化碳作为清洗剂;然后从四氯化碳中取出硅片,放到丙酮溶液中清洗,从而达到去除硅片表面有机杂质的目的;丙酮清洗完成后,再把硅片放到酒精中,利用丙酮易溶于酒精的特点,去除硅片表面的丙酮;同样,利用酒精溶于水的原理,用去离子水多次清洗,去除硅片表面的酒精;最后,把硅片放在烘箱内烘烤,去除其表面的水分。烘烤温度不得低于 100 ℃。为保证清洗效果,整个清洗过程必须在至少千级的超净间内进行。对于表面清洁度要求更高而上述清洗工艺难以达到的表面,可把硅片放在浓硫酸与过氧化氢(体积比 1∶3)组成的清洗液中,加热至 80 ℃进行清洗,清洗完毕后直接放入去离子水中清洗即可。

对于表面洁净度较好的硅片,可直接用去离子水清洗,或先用酒精(或丙酮)再用去离子水清洗,然后放到烘箱内烘烤即可。

清洗过程一般在清洗机(见图4.4)中进行,利用该设备,可起到较好的清洗效果。

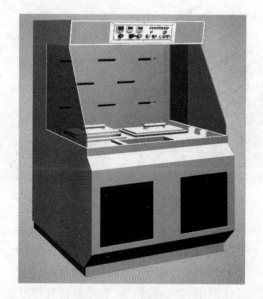

图 4.4　清洗机

很多情况下,由于胶膜前烘过程中出现碳化以及颗粒粘着比较牢固等情况,不易去除,所以可把硅片放于超声设备(见图4.5)中进行超声清洗,这会起到较好的清洗效果。

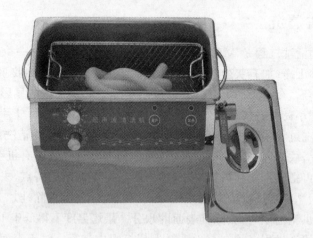

图 4.5　超声清洗机

4.3.2　硅片氧化

1. 硅片氧化工艺原理

一般地,硅片氧化工艺可分为干氧氧化工艺和湿氧氧化工艺,这两种工艺的化学反应方程式可表示为

干氧氧化工艺:

$$Si + O_2 \xrightarrow{\Delta} SiO_2 \tag{4.1}$$

湿氧氧化工艺:

$$Si + 2H_2O \xrightarrow{\Delta} SiO_2 + 2H_2 \uparrow \tag{4.2}$$

依据 Deal-Grove[1] 氧化模型,干氧氧化和湿氧氧化具有相同的理论模型,即

$$y_{ox}^2 + A y_{ox} = B(t + \tau) \tag{4.3}$$

式中:在某一固定氧化温度下 A 和 B 为常数,它们与气体(O_2 或 H_2O)的扩散率成正比,其单位分别为 μm 和 $\mu m^2/h$;y_{ox} 为氧化完毕的二氧化硅薄膜的厚度,单位为 μm;t 为氧化时间,单位为 h;τ 为补偿时间,单位为 h,

$$\tau = \frac{y_0^2 + A y_0}{B} \tag{4.4}$$

其中,y_0 为氧化硅薄膜的初始厚度。

2. 系数 A 和 B 的确定

在式(4.4)中,A 和 B 对于计算氧化薄膜的厚度非常重要,依据参考文献[1]中的相关理论,这两个系数是通过一些实验数据总结得到的,如表 4.1 所列,而对于任意氧化温度下的计算方法没有提及。如何精确计算在任何氧化温度下的系数,对于最终计算结果非常重要。

表 4.1　A 和 B 的典型值

温度/℃	干氧氧化		湿氧氧化	
	A	B	A	B
920	0.235	0.004 9	0.5	0.203
1 000	0.165	0.011 7	0.226	0.287
1 100	0.09	0.027	0.11	0.51
1 200	0.04	0.045	0.05	0.72

依据参考文献[2]的介绍,A、$\dfrac{B}{A}$ 以及氧化温度 T 之间的关系符合阿列纽斯方程,即 $\lg B$ 和 $\lg \dfrac{B}{A}$ 与 $\dfrac{1}{T}$ 为线性关系,该关系可表示为

$$\lg B = a_A \frac{1}{T} + b_A \tag{4.5}$$

$$\lg \frac{B}{A} = a_B \frac{1}{T} + b_B \tag{4.6}$$

式中：a_A、b_A，a_B 和 b_B 为常数。依据表 4.1 中的数据，对其进行线性拟合，得到上述参数间的关系，即

干氧氧化：

$$\lg B = -3\,828.307 \frac{1}{T} + 1.875\,7 \Rightarrow B = 10^{-\frac{3\,828.307}{T}+1.875\,7} \tag{4.7}$$

$$\lg \frac{B}{A} = -6\,826.952 \frac{1}{T} + 5.710\,3 \Rightarrow \frac{B}{A} = 10^{-\frac{6\,826.952}{T}+5.710\,3} \tag{4.8}$$

表 4.2 给出了线性拟合后理论结果与实验结果的相对误差，由表中数据可知，理论结果与实验结果之间相对误差的最大值仅为 7.72%，说明了在任意温度下理论模型合成方程的正确性。

表 4.2 氧化工艺中理论结果与实验结果的相对误差

温度/℃	B/A			B		
	实验结果	理论结果	相对误差/%	实验结果	理论结果	相对误差/%
920	0.020 8	0.019 49	6.53	0.004 9	0.005 1	3.92
1 000	0.070 9	0.076 38	7.72	0.011 7	0.011 2	4.46
1 100	0.300 0	0.280 0	6.67	0.027 0	0.025 5	5.88
1 200	1.125 0	1.050 0	6.67	0.045 0	0.048 2	6.64

依据分析结果，A 可表示为

$$A = \frac{B}{10^{-\frac{6\,826.952}{T}+5.710\,3}} = \frac{10^{-\frac{3\,828.307}{T}+1.875\,7}}{10^{-\frac{6\,826.952}{T}+5.710\,3}} = 10^{\frac{2\,998.645}{T}-3.834\,6} \tag{4.9}$$

采用同样的算法，湿氧氧化工艺中 B 和 $\frac{B}{A}$ 可表示为

$$\lg B = -2\,231.927 \frac{1}{T} + 1.719\,3 \Rightarrow B = 10^{-\frac{2\,231.927}{T}+1.719\,3} \tag{4.10}$$

$$\lg \frac{B}{A} = -6\,114.352 \frac{1}{T} + 6.237\,8 \Rightarrow \frac{B}{A} = 10^{-6\,114.352\frac{1}{T}+6.237\,8} \tag{4.11}$$

利用该方法计算得到湿氧氧化工艺中理论结果与实验结果的相对误差，如表 4.3 所列。由表中数据可知，相对误差最大值仅为 4.87%，同样说明了理论分析结果的正确性。

表 4.3　湿氧氧化工艺相对误差的计算结果

温度/℃	B/A			B		
	实验结果	理论结果	相对误差/%	实验结果	理论结果	相对误差/%
920	0.406	0.391	3.69	0.203	0.196 5	3.31
1 000	1.269 91	1.327	4.49	0.287	0.301 7	4.87
1 100	4.636 36	4.775 2	3.00	0.51	0.49	4.08
1 200	14.4	13.88	3.61	0.72	0.723 4	0.47

依据式(4.10)和式(4.11),在湿氧氧化工艺中,A 可表示为

$$A = \frac{B}{10^{-\frac{6\,114.352}{T}+6.237\,8}} = \frac{10^{-\frac{2\,331.927}{T}+1.719\,3}}{10^{-\frac{6\,114.352}{T}+6.237\,8}} = 10^{\frac{3\,782.425}{T}-4.517\,5} \qquad (4.12)$$

3. 硅 MEMS 氧化工艺中理论模型的建立

(1) 实际工程中硅氧化模型的建立

在 MEMS 工艺中,二氧化硅薄膜主要是作为腐蚀工艺中的掩膜层,对其下面的单晶硅进行保护。因此,为能够很好地对硅片进行保护,需要二氧化硅具有一定的厚度(约 1 μm),该厚度远远大于 IC 工艺中需要的厚度。图 4.6 所示为干氧氧化工艺中利用相关理论得到的氧化时间和二氧化硅薄膜厚度的关系曲线。

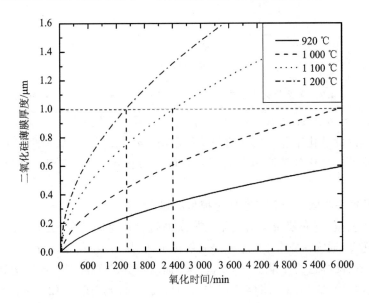

图 4.6　干氧氧化工艺中氧化时间和二氧化硅薄膜厚度的关系曲线

图 4.6 中的氧化温度分别为 920 ℃、1 000 ℃、1 100 ℃ 和 1 200 ℃,由图可知,如需要产生 1 μm 的二氧化硅薄膜,则干氧氧化需要至少 23 h。如再考虑加入预热时间和冷却时间,则一次氧化可能需要更长的时间。这说明纯粹采用干氧氧化的方法来得到理想厚度的二氧化硅薄膜的方法是不可行的。图 4.7 所示为湿氧氧化工艺中氧化时间和二氧化硅薄膜厚度的关系曲线。由图 4.7 可知,在湿氧氧化工艺中如欲得到 1 μm 的薄膜厚度,氧化时间仅需要 1.46 h,该时间远远短于干氧氧化的时间。但是,实验证明,如果单纯采用湿氧氧化工艺,则二氧化硅薄膜的致密度会很差,将造成在腐蚀过程中不能很好地实现对硅片的保护作用。因此,纯粹采用湿氧氧化的方法也是不可行的。

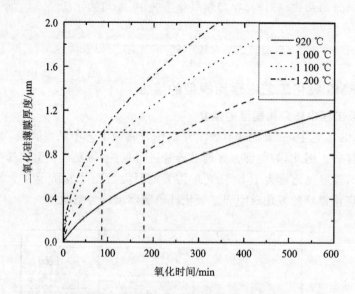

图 4.7　湿氧氧化工艺中氧化时间与二氧化硅薄膜厚度的关系曲线

因此,在大多数 MEMS 工艺中,一般采用干氧—湿氧—干氧工艺交替进行的方法来实现硅片的氧化工艺。实际应用结果证明,该方法不仅大大缩短了氧化时间,而且制作完毕的二氧化硅薄膜也起到了良好的掩膜作用,不会出现钻蚀、掩膜失效等情况。

(2) 干氧—湿氧—干氧工艺理论模型的建立

在该工艺中,首先使用干氧氧化工艺以提高二氧化硅薄膜的致密度;然后,为提高氧化的速度,通入水蒸气,以进行湿氧氧化工艺;最后,在薄膜厚度达到需要的数值后,通入干氧,继续进行干氧氧化,以进一步提高薄膜的致密度。依据上述过程的描述,结合式(4.3)、式(4.4)、式(4.7)、式(4.9)、式(4.10)和式(4.12),可得到二氧化硅薄膜在不同工艺阶段的计算公式,如下:

$$y_{ox} = f(t_1, t_2, t_3) =$$

$$y_{ox1} = \frac{-A_1 + \sqrt{A_1^2 + 4B_1(t + \tau_1)}}{2}, \quad 0 \leqslant t \leqslant t_1, \tau_1 = \frac{y_0^2 + A_1 y_0}{B_1}$$

$$y_{ox2} = \frac{-A_2 + \sqrt{A_2^2 + 4B_2(t - t_1 + \tau_2)}}{2}, \quad t_1 \leqslant t \leqslant t_2, \tau_2 = \frac{y_{ox1}^2 + A_2 y_{ox1}}{B_2}$$

$$y_{fin} = y_{ox3} = \frac{-A_1 + \sqrt{A_1^2 + 4B_1(t - t_2 + \tau_3)}}{2}, \quad t_2 \leqslant t \leqslant t_3, \tau_3 = \frac{y_{ox2}^2 + A_3 y_{ox2}}{B_3}$$

$$(4.13)$$

式中：y_0 为二氧化硅薄膜的初始厚度；t 为氧化时间；t_1、t_2、t_3 为三个阶段的氧化时间；y_{fin} 为最终氧化膜厚度。不同阶段的 A 和 B 可分别表示为

$$A_1 = 10^{\frac{2\,998.645}{T_1} - 3.834\,6}, \qquad B_1 = 10^{-\frac{3\,828.307}{T_1} + 1.875\,7} \qquad (4.14)$$

$$A_2 = 10^{\frac{3\,782.425}{T_2} - 4.517\,5}, \qquad B_2 = 10^{-\frac{2\,231.927}{T_2} + 1.719\,3} \qquad (4.15)$$

$$A_3 = 10^{\frac{2\,998.645}{T_3} - 3.834\,6}, \qquad B_3 = 10^{-\frac{3\,828.307}{T_3} + 1.875\,7} \qquad (4.16)$$

式中：T_1、T_2、T_3 分别为每个阶段的氧化温度。

4. 工艺的工程实现

（1）实际工艺实现方法

在进行多次工艺摸索后，得到一种可行的工艺流程及条件，该工艺过程是在氧化炉（见图 4.8）内进行的。氧化过程中，硅片放置在石英制成的密闭腔内，氧化工艺工作原理如图 4.9 所示。氧化过程中，氧化温度可以实现实时控制。氧化曲线如图 4.10 所示，图中，每一个小方格水平方向上代表时间为 10 min，竖直方向上代表温度为 10 ℃。

图 4.8　氧化炉实物图

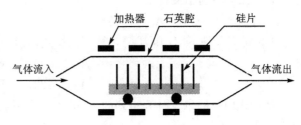

图 4.9　氧化工艺工作原理

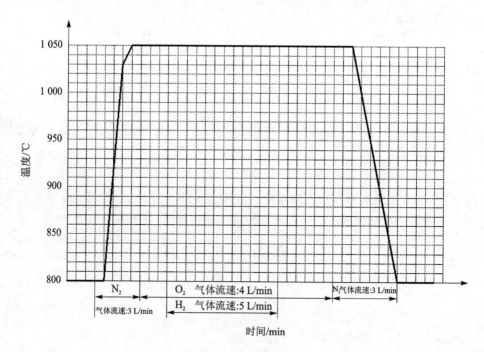

图 4.10 氧化曲线

实验过程中,首先输入氮气以减少空气中其他气体对硅片的影响;然后逐渐提高氧化炉内的温度,当温度达到 800 ℃ 后,停止输入氮气,输入氧气(气体流速:4 L/min),进行干氧氧化;干氧氧化进行 30 min 后,通入氢气(气体流速:5 L/min)以与氧气反应,产生水蒸气。水蒸气生成的方程式为

$$2H_2 + O_2 \xrightarrow{1\ 050\ ℃} 2H_2O\uparrow \tag{4.17}$$

该过程一直到生成的二氧化硅薄膜厚度基本达到需要的条件时,才停止通入氢气,湿氧氧化过程停止。继续通入氧气 60 min,进行干氧氧化工艺,以提高二氧化硅薄膜的致密度。氧化工艺完成后,停止通入氧气。继续通入氮气直到腔内温度达到 800 ℃,以防止高温下硅片与其他气体发生化学反应。然后,停止通入氮气,将硅片放置于空气中自然冷却,即完成氧化工艺。

(2)工艺中的相关计算

1) 1 050 ℃ 条件下 A 和 B 的计算

1 050 ℃ 条件下 A 和 B 的计算可依据式(4.14)和式(4.15)进行:

干氧氧化: A:0.105 B:0.017

湿氧氧化: A:0.122 B:0.392

依据式(4.13)以及计算得到的 A 和 B,二氧化硅薄膜厚度在不同温度条件下的计算结果为(单位:μm)

$$y_{ox} = \begin{cases} 0.054, & t = 0.5\ \text{h}, \tau_1 = 0 \\ 0.840, & t = 2.5\ \text{h}, \tau_2 = 0.06\ \text{h} \\ 0.849, & t = 3.5\ \text{h}, \tau_3 = 46.69\ \text{h} \end{cases} \qquad (4.18)$$

2）基于颜色判断方法的二氧化硅薄膜厚度的估算

二氧化硅薄膜厚度可通过颜色从其生长的硅基底上区分出来。对于二氧化硅薄膜,二氧化硅层基本上是透明的,但由于不同厚度的二氧化硅薄膜与硅基底有着不同的光折射率,所以当白光照射在二氧化硅薄膜表面时,硅片表面与不同厚度的二氧化硅薄膜相搭配会出现不同的匹配颜色。表 4.4 给出了太阳光照射在不同厚度的二氧化硅薄膜表面上所折射出来的颜色。

表 4.4　不同厚度的二氧化硅薄膜颜色对比

二氧化硅薄膜厚度/μm	0.050	0.075	0.275 0.465	0.310 0.493	0.50	0.375	0.390
颜　色	棕褐色	褐色	红-紫红	蓝	绿-黄绿	绿-黄	黄

4.3.3　匀胶工艺

匀胶工艺就是通过相关的涂胶设备,在二氧化硅表面上涂上一层粘附良好,厚度适当、均匀的光刻胶膜的过程。涂胶时,硅片被固定在一个真空吸盘上,将一定数量的光刻胶滴在硅片的中心,然后旋转硅片,由于离心力的作用,在硅片表面得到一层均匀的光刻胶涂层。

由于工艺需要,硅片表面的胶膜层要均匀,粘附良好。胶膜太薄,针孔多,抗蚀能力差;胶膜太厚,分辨率低。

匀胶过程是在匀胶机上完成的,具体过程主要可分为以下 4 步:

1）预涂胶

预涂胶的目的是通过低速旋转硅片,将光刻胶在硅片上匀开。预涂速度较低,一般在数百转/分,在这个过程中,光刻胶中 65%～85% 的溶剂将挥发掉。

2）加　速

通常在零点几秒的时间内加速到数千转/分,具体转速由光刻胶的黏稠度决定(可分为薄胶或厚胶),多余的胶被甩到衬底。此步骤对于旋转厚度的均匀性非常关键。

3）涂　覆

这个过程形成干燥、均匀的光刻胶薄膜,时间为几十秒。同样,时间的长短由光刻胶特性决定,转速决定最终的胶厚,时间决定残余溶剂的百分比含量。在此步骤完成后,胶膜中还有 20%～30% 的溶剂残留。

4）去　边

由于匀胶过程中光刻胶在硅片边缘部分会造成堆积,导致边缘部分胶膜厚度较大。因此,对于黏稠度较大的光刻胶来说,一般会增加一个去边的过程。该过程可通过合理设计旋涂程序,在衬底边缘倒角或在旋涂结束时使用去边试剂来去除。

例如,在 AZ4903 光刻胶膜制备过程中,可通过用医用针管装满丙酮,在匀胶过程中通过推动针管,使丙酮液体均匀落在硅片边缘的方法实现。光刻胶溶于丙酮后会变得稀薄,在离心力作用下被甩出硅片,达到去边的目的。

一般购买光刻胶所附带的数据表中会给出光刻胶的涂覆转速和厚度的关系曲线供使用者参考。在相同的转速下,粘度越高的胶,其涂覆所得到的胶膜厚度越大;对同一种胶,涂覆转速越高,胶厚越小,但是到一定程度之后变小的幅度会越来越小,直至与转速无关。涂覆转速降低,胶厚提高,但厚度均匀性变差,所以不能无限降低转速来提高胶厚。

实际制作工艺中胶膜厚度与转速关系的确定是一个十分重要的内容。一般地,大部分的光刻胶在购置过程中都会提供两者关系的参考数值,以便在实际工艺中通过转速得到需要的胶膜厚度,而两者的确切关系是通过实验得到的。下面以 MEMS工艺中最常用的一种高性能光刻胶 AZ4903 为例,来说明两者之间的关系。

(1) AZ4903 光刻胶膜厚度确定工程实例

应用背景:利用 AZ4903 制作电磁微电机定子绕组线圈。

匀胶设备:德国 Karlsuss 公司的 MA6/BA6 匀胶机。通过编制程序,确定匀胶时间、转盘角速度及角加速度。

实际工作条件:匀胶时间为 20 s,角加速度为 500 r/min,设备转速分别为500 r/min、1 000 r/min、2 000 r/min、3 000 r/min、4 000 r/min 和 5 000 r/min。

胶膜厚度初步确定方法:采用可测深度的高性能显微镜(奥林巴斯)。首先对焦于胶膜上表面,使其清晰,确定深度读数 1;然后,聚焦至硅片表面,使其清晰,确定深度读数 2,两者差值就是胶膜厚度。

通过多次实验,取其平均值作为该转速下对应的胶膜厚度,得到的结果如表 4.5所列。

表 4.5 转速-胶膜厚度数据表

转速/(r·min^{-1})	胶膜厚度/μm
500	35
1 000	27
2 000	22
3 000	18
4 000	13
5 000	8

(2) 转速-膜厚关系的确定

依据表 4.5 中的数据,得到转速-胶膜厚度之间的关系曲线,如图 4.11 中的曲线 1

所示,由曲线关系图可以看出,当转速大于 1 000 r/min 时,转速与胶膜厚度基本上为线性关系;当转速小于 1 000 r/min 时,厚度变化比较大,两者间是非线性关系。而由于转速小于 1 000 r/min 对应的厚度较大,因此,一般工作范围可取大于 1 000 r/min。

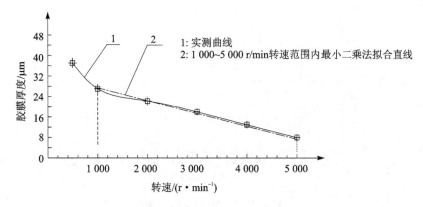

图 4.11　转速-胶膜厚度关系曲线

依据最小二乘法,设在 1 000~5 000 r/min 范围内的转速与胶膜厚度之间的关系为

$$T = A + Bn \tag{4.19}$$

式中:T 为胶膜厚度,μm;A、B 为直线方程系数,利用最小二乘法,计算得到 $A = 32.7$,$B = -0.005$。于是在 1 000~5 000 r/min 之间 AZ4903 甩胶速度与胶膜厚度之间的线性关系方程为

$$T = 32.7 - 0.005n, \quad 1\,000 \text{ r/min} < n < 5\,000 \text{ r/min} \tag{4.20}$$

利用线性方程(4.20),便可以根据胶膜厚度要求得到对应的甩胶速度。该方法可推广应用于其他类型的光刻胶。

4.3.4　前　烘

前烘的目的是使胶膜内的溶剂与水分充分挥发,从而使胶膜干燥,增加光刻胶与硅片的粘附性及胶膜的耐磨性。前烘时间和温度的控制,不但会影响光刻胶的固化,而且会影响光刻胶曝光和显影效果。当烘焙不够时,曝光的精确度会因溶剂含量过高使光刻胶对光不敏感而变差,使得曝光区域不能够在显影时完全去除;当烘焙过度时,会导致光刻胶变脆而使其粘附性降低,光刻胶敏感度变差,甚至会使光刻胶碳化,失去原有的化学特性而使曝光失败。

光刻胶的前烘过程是在热板或烘箱等专用设备上进行的,烘焙过程中温度一般呈台阶式变化。首先设置一低温,以保证光刻胶内的液体溶剂充分挥发;然后逐渐升温,最终到固化温度。精确的工艺条件是通过多次烘焙、测试后得到的。具体工艺条件实例如图 4.12 所示。由于 AZ4903 是厚胶,为保证光刻胶内有机溶剂的充分挥发,经过多次实验,决定利用 50 ℃—70 ℃—100 ℃ 阶梯烘的方法,前烘完毕后从烘箱中取出硅片放在空气中自然冷却,最后便得到了比较满意的前烘完毕的胶膜。

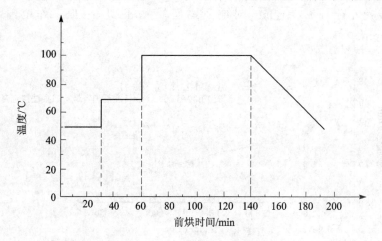

图 4.12 AZ4903 烘焙曲线

实验证明,按照此条件前烘完毕的 AZ4903 在曝光、显影后胶膜表面针孔少,线条陡直度好且几乎无毛刺,在显影过程中无浮胶及光刻胶脱落现象发生。

4.3.5 曝 光

曝光过程是通过相关的曝光设备(光刻机),把 MEMS 器件图形自光刻版转移到光刻胶的过程。目前,曝光过程中用到的光源可以是紫外光或极紫外光。曝光可分为接触式曝光与非接触式曝光两种。接触式曝光是将掩膜与制作图形的光刻胶直接接触进行曝光,二者通过机械装置压紧或真空吸住压紧等方式实现紧密接触。

接触式曝光方式的优点在于掩膜与抗蚀剂薄膜紧密接触,像差小并提高了分辨率;缺点是紧密接触易对光刻胶膜与硅片造成损伤,同时,还容易导致光刻胶与掩膜版的粘连,导致光刻失效。因此,在光刻过程中要求光刻胶前烘一定要充分,使得两者在光刻完成后能够分离,不产生粘连现象。

非接触式光学曝光技术是指掩膜与衬底抗蚀剂不直接接触来实现图形复印曝光的方法。由于光刻过程中光刻胶与掩膜版是分离式的,两者在光刻过程中不产生接触,避免了接触式曝光存在的粘连问题,可以克服接触式曝光易损坏掩膜和硅片的缺点;但由于非接触式曝光两者之间的间隙容易使光刻过程中的线条产生偏差以及发生衍射等现象,导致光刻效果差,甚至失效。

因此,综合上述特点,在光刻过程中,一般会采用接触式曝光,实现图形不失真地从掩膜版转移到光刻胶上。

对于非接触式曝光结构,依据衍射效应理论,最小可分辨的线宽为

$$W = 15\sqrt{\lambda s / 200}$$ (4.21)

式中:λ 为照射光的波长;s 为掩膜与光刻胶薄膜的距离。

光是一种以波动形式传播的电磁波。当光线波长与掩膜线宽相当时,就会发生衍射效应,即光通过掩膜图形在抗蚀剂上曝光或成像时,光线并不全部沿直线方向传播,有一部分光线会绕射到掩膜图形后面去,从而使线条边缘产生光波峰值和明暗相间的条纹,即衍射条纹。微细加工的特点之一就是各种图形线条靠得很近,因此衍射现象会使相互靠得很近的线条边缘的光条纹彼此重合起来,从而使图形变得模糊不清而影响分辨率。

通常可通过下述两种方法来改善上述问题:

① 适当选择波长 λ 和间距 s。

波长越短,分辨率就越高,因此,在光刻中,目前普遍采用极紫外光作为光刻的光源。而对于 s 来说,同样是越小越好,但 s 也不能取得太小,否则就难以控制,并且也不易避免掩膜和硅片的损坏。

② 优化设计光源与光学系统。

接近式曝光的优点是延长了掩膜的使用寿命。与接触式曝光方式相比,在相同的曝光次数下,掩膜寿命要延长 10 倍以上。考虑到不同图形的制作要求,间距 s 是可调的。在大批量生产中,s 取 $10\sim20~\mu m$ 时所能获得的线条极限宽度为 $3\sim4~\mu m$。

影响曝光效果的因素主要有以下几方面:

① 曝光时间和曝光强度对光刻结果的影响。

在光刻工艺过程中,曝光的目的是让胶膜充分吸收光能从而发生光化学反应,其关键控制参数是曝光量 E,E 与曝光强度 $I_强$ 以及曝光时间 t_0 之间的关系为[3]

$$E = I_强 t_0 \qquad\qquad (4.22)$$

由式(4.22)可以看出,曝光量 E 与曝光强度 $I_强$ 以及曝光时间 t_0 成正比。设选取的曝光强度一定,则曝光时间不足会使曝光量减少,导致光聚合不充分,影响光刻质量;而曝光时间过长会导致光的衍射和散射的影响增大,光刻胶的侧蚀严重,使得分辨率降低。光刻胶的曝光时间也是通过反复实验选取后得到的。

② 掩膜版与光刻胶膜接触情况对光刻结果的影响。

曝光过程中与光刻胶膜接触的情况对光刻胶分辨率的影响很大,即使表面有几微米的不平整度都会使光刻精度显著下降。另外,曝光时掩膜版与硅片之间的间隔对光刻系统的分辨率也有重要的影响,依据参考文献[4],掩膜版和硅片的间隔 G 与光刻分辨率(最小线宽)D 之间的关系式为

$$G = CD^2/\lambda \qquad\qquad (4.23)$$

式中:λ 为光波波长;C 为与系统有关的系数。

对于固定的曝光机,选用光波的波长 λ 为固定值,由式(4.23)可知,欲提高系统的分辨率,必须减小掩膜版与硅片的间隔 G。

③ 曝光光线的平行度。

曝光的光线通过透镜后应形成平行光束,并与掩膜版和光刻胶膜的表面垂直,否

则光刻图形将产生变形或变模糊。依据参考文献[5]，曝光过程中线宽 W 与曝光光线对掩膜版入射角 θ 的关系式为

$$W = K \frac{\lambda}{NA\left(1 + \sigma \dfrac{\sin \theta}{NA}\right)} \tag{4.24}$$

式中：NA 为数值孔径；λ 为出射光波长；σ 为空间部分相关系数；θ 为曝光光线对掩膜版的入射角。

由式(4.24)可知，对于固定的光刻机，NA、λ 和 σ 基本上是固定的，因此欲减小线宽误差就必须尽量使 $\sin \theta$ 接近于 1，即曝光光线应尽量保证与光刻胶膜表面垂直，以避免光刻图形的变形和模糊。

④ 掩膜版的质量。

由于厚胶工艺中胶膜厚度远大于版 IC 工艺胶膜的厚度，在光刻过程中要求曝光时间较长，因此按照 IC 工艺制作要求制作的掩膜版已不能满足光刻要求。改进办法就是加大镀铬厚度（掩膜版通过镀铬实现），减少需要保护部分光刻胶的损伤。另外，制作的掩膜版的线条的精度对光刻效果也将产生直接影响。

4.3.6　显　影

显影的目的是将感光部分的光刻胶（正胶）溶除，留下未感光部分的胶膜，从而得到需要的图形。对于特定的高性能光刻胶来说，多有专门的显影液进行处理。控制显影的主要条件是显影液的浓度、显影温度以及显影时间等。显影过程中显影液的配比是把显影原液（购置的未配水的显影液）与去离子水按照体积比配置的，不同的光刻胶对体积比具有不同的要求。体积比的具体数值、显影时间等条件同样也是通过多次实验总结得到的。例如在对 AZ4903 光刻胶使用过程中，在胶膜厚度为 35 μm，曝光时间为 220 s，曝光功率为 300 W 的情况下，对其显影液与水按照 1:1、1:2、2:3、1:3、1:4 五种配比方式进行实验对比，得到显微镜下的结果如表 4.6 所列。通过表 4.6 中所列的现象可知，按照 1:2 和 2:3 体积比配置的显影液比较好，因此最后选定 1:2 为显影时显影液的配比，利用该配比得到了良好的实验效果，如图 4.13 所示。

表 4.6　实验结果比较

影液:水(体积比)	显影时间	现象及结果
1:1	2′15″	大约 2 min 显影完毕，显影过程中明显看到光刻胶表面需要保留部分和需要去除部分同时有红色光刻胶被溶解，因此需要保留部分的损失也比较大
2:3	3′10″	显影速度有所缓慢，效果也比较明显，但在显微镜下观察到的显影胶线条边缘仍然有锯齿存在

影液∶水（体积比）	显影时间	现象及结果
1∶2	4′10″	速度控制比较容易，显影完毕在显微镜下观察到需要保留部分光刻胶的损伤比较小，线条清晰，陡直度好，并且线条边缘的锯齿小，是比较合适的配比
1∶3	3′	显影 3 min 后光刻胶需要去除部分几乎没有变化，显影速度非常缓慢，因此放弃该比例的显影液
1∶4	无	考虑利用该方法得到的体积比比前者更小，因此放弃使用该配比的显影液

AZ4903

图 4.13　光刻完毕的定子绕组线圈局部图形

显影过程中经常出现的问题如下：

① 显影不足。线条比正常线条宽且侧面有斜坡，或衬底上光刻胶没有去除干净。该现象可能是由于曝光不足、响应时间短或者配置的显影液浓度低引起的。

② 过显影。显影过程中去除了太多的光刻胶，从而引起图形变窄和图形残缺。该现象可能是由于曝光过度、显影浓度过高或显影时间过长引起的。

4.3.7　坚　膜

与前烘工艺一样，坚膜也是一个热处理步骤，即在一定温度下，对显影后的硅片进行烘焙。由于经显影的光刻胶已经软化、膨胀，胶膜与硅片表面间的粘附性下降。如果直接把该胶膜放入腐蚀液中，则会发生由腐蚀液钻蚀造成的真空等现象，影响制作效果。坚膜的目的就是要使残留的光刻胶溶剂及显影过程中由浸泡进入的水分全部挥发，提高光刻胶与硅片之间的粘附性并增加光刻胶的抗腐蚀能力，使光刻胶确实能够起到保护作用，为下一步的腐蚀做好准备，同时也去除了剩余的附着的显影液。坚膜工艺同样也是在热板或烘箱中完成的，其温度会略低于前烘温度，具体坚膜时间的长短和温度也是在厂家提供的数据的基础上，通过反复实验优化得到的。

4.3.8　开二氧化硅窗口

在利用 MEMS 工艺制作微结构过程中，由于光刻胶本身颜色较浓等问题，易造成腐蚀溶液变色,进而使得结构产生污染。因此,在制作结构过程中的掩膜层一般是采用二氧化硅材料,而不是采用光刻胶。由于二氧化硅掩膜在腐蚀过程中不会对溶液产生任何污染,所以其是目前腐蚀工艺的首选掩膜材料。在腐蚀前,要开二氧化硅窗口,具体过程如图 4.14 所示。

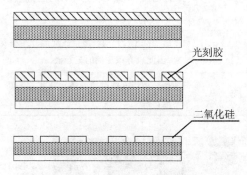

图 4.14 开二氧化硅窗口流程

该工艺过程中二氧化硅材料的去除主要采用了氢氟酸溶液,利用了氢氟酸与二氧化硅之间产生的络合反应,反应式如下[6]:

$$\left.\begin{aligned} SiO_2 + 4HF &= SiF_4 + 2H_2O \\ SiF_4 + 2HF &= H_2[SiF_6] \\ \hline SiO_2 + 6HF &= H_2[SiF_6] + 2H_2O \end{aligned}\right\} \tag{4.25}$$

纯氢氟酸容易穿透光刻胶层,并不断从底部钻蚀,产生脱胶。为克服上述问题,在开窗口过程中会在氢氟酸腐蚀液中加入适量的缓冲剂氟化铵来降低氢氟酸与二氧化硅的反应速度,使腐蚀能顺利进行。这种加缓冲剂的氢氟酸溶液习惯上称为氢氟酸缓冲液。该缓冲液中,氢氟酸、氟化铵与水的配比关系为

$$氢氟酸:氟化铵:去离子水 = 3\ mL:6\ g:10\ mL \tag{4.26}$$

其中,氢氟酸的浓度为 48%,腐蚀速度不但与三者的配比有关,而且与腐蚀温度及二氧化硅的致密度有关,腐蚀温度可以选在 30~40 ℃ 之间。开完的二氧化硅窗口如图 4.14 所示。

4.4 MEMS 后续工艺

MEMS 后续工艺主要指在光刻基础上,为完成微机电器件结构的制作,需要继续进行的相关工艺,大致可包括体硅工艺、表面硅工艺、LIGA 工艺、溅射工艺、剥离工艺、键合工艺等。其中,体硅工艺主要指硅片的腐蚀工艺,包括湿法腐蚀和干法腐蚀等;表面硅工艺指利用牺牲层(一般采用二氧化硅作为牺牲层材料)技术制作微结构的工艺;LIGA 工艺主要用于批量制作具有高深宽比特点的复杂结构或者采用体硅工艺难以实现的金属结构等;溅射工艺和键合工艺主要作为上述三种工艺的辅助

工艺,制作更复杂的微结构;剥离工艺目前主要用来制作器件的金属导线等结构。

4.4.1　体硅工艺

体硅工艺是指通过对基底材料(通常指单晶硅)的腐蚀的方法,制作出需要的三维立体微结构的工艺过程。依据去除硅片方式的不同,可分为湿法腐蚀和干法腐蚀两种。

1. 湿法腐蚀工艺

(1) KOH 湿法腐蚀原理及工艺条件

作为重要的 MEMS 工艺之一,湿法腐蚀工艺由于具有设备简单、可批量生产以及工艺成本低等优点而被广泛应用。其最简单的过程就是把开完二氧化硅窗口(见图 4.14)的硅片放入具有一定浓度的腐蚀液中,通过化学腐蚀的方法实现对 MEMS 器件的加工。

目前,最常用的湿法腐蚀工艺采用的腐蚀液是 KOH 溶液。该方法具有制作过程简单、成本低、条件容易控制等优点。因此,对于器件尺寸、深宽比以及陡直度要求都不太高的器件,该方法完全可以达到结构制作的要求。在实际工程中,经过多次摸索,采用了 KOH 溶液浓度为 40%、腐蚀温度为 80 ℃的工艺条件。腐蚀过程中要不断对腐蚀液进行搅拌(可用磁力搅拌器实现),以保证腐蚀过程中溶液各部分的浓度相同,进而确保各部分的腐蚀速度相同。该 KOH 湿法腐蚀工艺反应方程式如下:

$$Si + 2KOH + H_2O \xrightarrow{\Delta} K_2SiO_3 + 2H_2 \uparrow \tag{4.27}$$

在实际腐蚀过程中,为提高与硅片反应的速度,在 KOH 溶液中会加入一定比例的异丙醇(络合物),使之与硅片发生络合反应,进而加速硅片的腐蚀速度。

同时,在腐蚀过程中,二氧化硅膜片同样会和 KOH 溶液发生反应,反应方程式为

$$SiO_2 + 4KOH \xrightarrow{\Delta} K_4SiO_4 + 2H_2O \tag{4.28}$$

虽然氢氧化钾能同时与硅和二氧化硅反应,但由于其与硅反应的速度远远大于与二氧化硅反应的速度,所以,反应中二氧化硅仍然可以很好地起到掩膜的作用。

在湿法腐蚀开始前,为能够得到需要的图形,需要用氢氟酸腐蚀液对二氧化硅进行部分腐蚀。

(2) 晶向对湿法腐蚀工艺的影响

由第 2 章可知,由于单晶硅硅片具有不同的晶向,所以对硅片的湿法腐蚀属于各向异性腐蚀,而由于不同晶向的单晶硅其原子间的范德华力大小不同,导致反应过程中破坏其化学键需要的能量也不同,进而导致腐蚀过程中沿不同晶向的腐蚀速度也不同。氢氧化钾对(111)晶面的腐蚀最慢,是(100)晶面腐蚀速度的 1/400。因此,垂直(111)晶面方向的腐蚀速度非常慢,大多数情况下可以忽略不计,即认为(111)晶面是氢氧化钾腐蚀的阻挡面。不同晶面腐蚀速度不同的原因尚未完全清楚,一般认为

与晶面上的键密度有关。晶面上分子密度越大，分子间距越小，连接键的数量和强度就越大，键密度就越高，发生化学反应所需要的能量也越多，因此腐蚀速度越慢。

因为(100)硅片和(110)硅片中(111)晶面和表面的夹角不同，因此腐蚀得到的结构也不同。(100)硅片的(111)晶面和表面的夹角为54.74°，因此，如果腐蚀窗口为矩形且平行于硅片的切边，则(100)晶面的腐蚀结构是由4个与表面呈54.74°夹角的(111)晶面围成的倒梯形，梯形的下底面位于硅片表面，随着深度的下降而收缩。如果腐蚀时间足够长且硅片厚度足够，则4个倾斜的(111)晶面逐渐收缩且相交，最后形成倒置的三棱锥(长方形掩膜开口)或金字塔形状(正方形掩膜开口)，得到的腐蚀角度如图4.15所示。

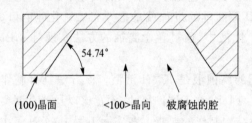

(100)晶面　　　<100>晶向　　被腐蚀的腔

图4.15　晶向对腐蚀影响图

可见，相对于其他形式的腐蚀，湿法腐蚀具有成本低、工艺简单、易于实现等优点。但是，硅片的晶向问题导致很难保证腐蚀的质量(如对线条的陡直度要求及加工尺寸要求等)，因此，对于对器件陡直度、尺寸等要求较高的情况，常采用干法腐蚀工艺实现。

2. 干法腐蚀工艺

干法腐蚀工艺是利用气体腐蚀剂，而不是液体化学试剂腐蚀的方法来去除基底材料的工艺。反应过程中气体主要以等离子体态存在，通过等离子体进行腐蚀。由于该方法是利用气体作为腐蚀剂，单晶硅材料的晶向对其性能不会产生影响。因此，该方法虽然成本较高且工艺过程较复杂，但能够制作高陡直度的结构并具有较高的尺寸精度。干法腐蚀中最常用的典型工艺为反应离子刻蚀(Reactive Ion Etching，RIE)和深度反应离子刻蚀(Deep Reactive Ion Etching，DRIE)。对于单晶硅，最常用的腐蚀气体为SF_6。目前，国内最广泛应用的一种等离子体刻蚀为ICP(Inductively Coupled Plasma)腐蚀技术。国内几乎所有对尺寸性能有一定要求的MEMS器件加工都是采用该工艺实现的。该工艺是一种把经过高压电场的气体电离后产生等离子体，经过磁场会聚轰击硅片表面，从而与硅片发生选择性化学腐蚀反应，生成能够被气流带走的气体的工艺过程。图4.16所示是ICP刻蚀的基本工作原理图，在实验过程中真空腔内通入的主要气体是SF_6和O_2(SF_6起腐蚀作用，O_2起钝化作用，防止侧壁被腐蚀)，SF_6在高压电场内经过电子撞击产生高速运动的等离子团，其电离方程式为

$$SF_6 + e^- \rightarrow S_xF_y^+ + S_xF_y^* + F^* + e^- \tag{4.29}$$

式中：$S_xF_y^*$和F^*右上角的 * 表示化学活性基，它能够与被腐蚀层的Si发生选择性化学反应，其中F^*与硅片的反应式如下：

$$Si + 4F^{*} \rightarrow SiF_{4} \uparrow \qquad\qquad (4.30)$$

最后生成的 SiF_{4} 气体被释放出来,完成对硅片的腐蚀。可见,由于与硅片反应后生成的材料为气体,因此利用该方法得到的结构比较干净,从而保证了材料表面的清洁度。图 4.17 所示为采用该工艺制作的梳齿驱动器的 SEM(Scanning Electronic Microscopy)图,由图可看出,该工艺很好地保障了待加工器件的性能。

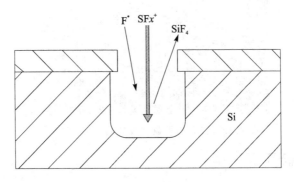

图 4.16　ICP 刻蚀的基本工作原理

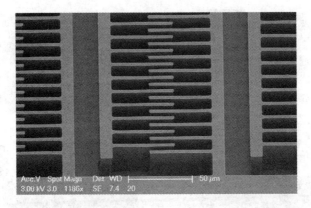

图 4.17　采用 ICP 工艺制作的梳齿驱动器的 SEM 图

　　相对于其他的腐蚀技术,ICP 工艺具有腐蚀深度大、尺寸精度高、深宽比高等优点。但是,由于 ICP 刻蚀是利用气体与硅片的反应来得到所需要结构的,所以制作过程中气体的配比、反应温度及时间选择等对制作结果影响非常大,如果控制不好,就会导致过腐蚀、侧蚀严重等情况发生,以致制作失败。图 4.18 所示是一个侧蚀严重造成的结构的 SEM 图,由图可以看出,结构的长细梁出现了严重过腐蚀,进而导致测试过程中产生了梁的断裂、刚性块塌陷等现象。因此,最佳工艺条件需通过多次反复实验得到,对相关人员的要求也比较高。

图 4.18 侧腐蚀严重造成的结构的 SEM 图

4.4.2 表面硅工艺

典型的微机械表面硅工艺流程如图 4.19 所示,该工艺主要利用牺牲层技术来实

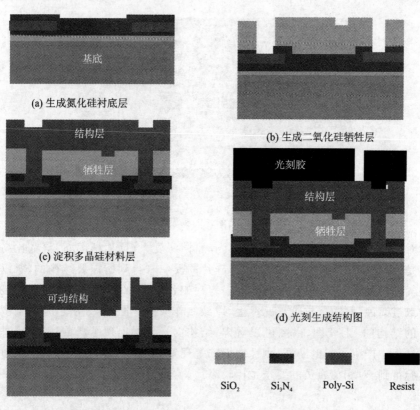

(a) 生成氮化硅衬底层

(b) 生成二氧化硅牺牲层

(c) 淀积多晶硅材料层

(d) 光刻生成结构图

SiO₂   Si₃N₄   Poly-Si   Resist

(e) 去除牺牲层

图 4.19 典型的微机械表面硅工艺流程图

现在硅片上表面制作出三维可动结构。牺牲层技术(sacrificial layer technology)也称为分离层技术,是在硅基板上通过化学气相沉积方法形成微型部件;然后在部件周围的空隙中填入分离层材料(主要为二氧化硅);最后,以溶解或腐蚀法去除分离层,使微型部件与基板分离。

　　理想的牺牲层材料必须满足工艺要求,膜厚度须生长在可接受的公差内。不均匀的沉积会导致表面粗糙或不平整。当空间缝隙很小($\leqslant 5~\mu m$)时,参数就尤为重要了。当需要脱开时,牺牲层必须整体地被去除。牺牲层的腐蚀选择率和腐蚀率必须很高,以便使结构的其他部位不被明显损伤。但实际上在牺牲层的腐蚀中,腐蚀几百微米的长窄槽是要花费相当长时间的。一般地,在工艺中选取二氧化硅作为牺牲层材料,而其去除主要采用前面所述的氢氟酸腐蚀液。

4.4.3　LIGA 工艺

　　LIGA 工艺是德国 Karlsruhe Research Center 在 1985 年发明的制造高深宽比结构的方法。该工艺是使用 X 光厚胶、高能同步 X 光射线发生器以及电镀等设备,批量制造高深宽比的金属和塑料结构的过程,其主要包括光刻、电镀、铸塑三部分。该工艺流程简图如图 4.20 所示。其基本工艺顺序是:在导电衬底上涂厚光刻胶(厚度从几微米到几毫米),用 X 射线曝光显影后得到三维光刻胶结构;然后,利用导电

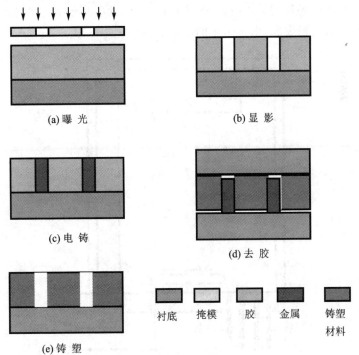

(a) 曝　光　　　　　　　　　(b) 显　影

(c) 电　铸　　　　　　　　　(d) 去　胶

(e) 铸　塑　　　衬底　掩模　胶　金属　铸塑材料

图 4.20　LIGA 工艺流程简图

层作为电镀种子层,利用 X 射线光刻胶作为电镀的模具,电镀铜、金、镍或者镍合金等金属填充光刻胶结构的空腔;最后,去掉光刻胶得到与光刻胶结构互补的三维金属结构;三维金属结构既可作为需要的最终器件,也可作为精密铸塑料的模具使用,浇铸或者热压制造大量的与光刻胶结构完全相同的塑料器件。LIGA 加工的衬底必须导电,或在绝缘体衬底上淀积导电层。LIGA 可以制造多种高分子材料、金属以及 PZT、PMNT、三氧化二铝、氧化锆等陶瓷材料。

4.4.4 溅射工艺

溅射工艺是通过采用高能粒子轰击靶材的方法,使靶材中的原子脱离化学键的束缚而成为自由粒子,进而在一定运动速度下沉积到基底材料表面,形成一层薄膜种子层的过程。可见,欲得到该种子层,首先必须有一个与欲淀积的种子层相同的靶材;然后,必须有足够高的高压电场;最后,为防止轰击过程中材料与空气中的气体发生反应,必须在真空状态下进行。图 4.21 所示为一种在硅材料表面溅射一层铜种子层的工作原理简图。图中溅射铜主要是作为电种子层,可以与剥离工艺相结合,制作 MEMS 导线,或者通过与电铸工艺结合,制作三维金属结构层。该工艺是在 SP-I 型 2 kW 射频匹配器中进行的。在机器的高真空室内(防止铜在高温下氧化)有两个高压电极,通高压电前在真空室内通入放电所需要的惰性气体(氩气)。通高压电后,惰性气体在高压电场作用下放电,产生大量的离子,这些离子被电场加速后形成高能量的离子流轰击铜靶表面,由于离子的动能超过铜靶中的原子和分子的结合能,使得

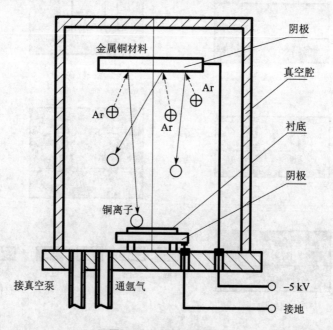

图 4.21　溅射示意图

铜靶中的原子逸出来,以高速溅射到阳极(氧化完毕的硅片)上,淀积成薄膜,从而完成溅射工艺过程,得到电铸所需要的种子层,其厚度大约为 $2\,000\ \text{Å}(1\text{Å}=10^{-10}\,\text{m})$。该工艺的缺点之一是种子层淀积的速度较低;另外,高能粒子在运动过程中会对人体产生辐射,所以,在工艺过程中,相关工作人员最好离开现场,避免对身体健康造成影响。

4.4.5　剥离工艺

剥离工艺在 MEMS 工艺中常与溅射工艺相结合,生成器件结构中所需要的金属导线或三维金属结构制作中所用到的电铸种子层等。剥离工艺在 MEMS 工艺中具有非常重要的作用。一般地,剥离工艺所涉及的种子层材料为金属材料。该工艺的简单流程如图 4.22 所示。制作中,首先通过光刻工艺,在基底上制作出与需要的金属结构相同的结构图形;然后通过溅射工艺,在其上表面淀积一层金属种子层;淀积完成后,把整个硅片放置到能够溶解光刻胶的有机溶剂中(如丙酮溶液),则溅射在光刻胶上的金属种子层将随着光刻胶的溶解被剥离,而与基底材料(大多数为硅)相接触的种子层材料被留下来,这就是金属导线结构。实验证明,利用该方法制作的导线结构完全符合 MEMS 器件的要求。

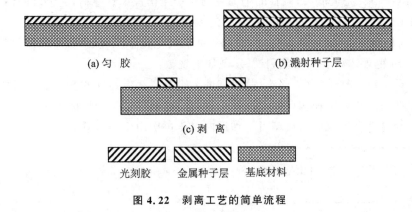

(a)匀 胶　　　　　　　　　(b)溅射种子层

(c)剥 离

光刻胶　　　金属种子层　　　基底材料

图 4.22　剥离工艺的简单流程

4.4.6　键合工艺

键合工艺是指通过化学和物理作用将硅片与硅片、硅片与玻璃或其他材料紧密结合起来的方法。其包括硅和硅,硅和玻璃,玻璃和陶瓷,硅和金属,以及金属和金属之间的连接和传感器的整体封装。实现芯片键合的方法有多种,较常用的有阳极键合、硅—硅直接键合、热熔键合、金属共熔键合、低温玻璃键合、冷压键合、激光键合和电子束键合等。在 MEMS 键合工艺中,连接和封装中应满足如下技术要求:

①　残余热应力应尽可能小;

②　机械解耦,以防止外界应力干扰;

③　足够的机械强度和密封性(包括真空密封);

④ 良好的电绝缘性。

1. 阳极键合

阳极键合又称静电键合或场助键合,是 Wallis 和 Pomerantz 于 1969 年提出的。采用阳极键合法可将硅与玻璃、合金与半导体、金属和合金等,通过静电场作用键合在一起,中间不需要任何粘接剂。这种键合温度低、键合界面牢固、长期稳定性好,键合界面具有良好的气密性和长期稳定性,因而被广泛使用。该工艺可在空气或真空下进行,具体环境可依据实际工程要求进行调节。该工艺原理图如图 4.23 所示,把将要键合的硅片接电源正极,玻璃接负极,电压为 200~1 000 V。将玻璃—硅片加热到 300~500 ℃,电压作用时,玻璃中的 Na^+ 将向负极漂移,在紧邻硅片的玻璃表面形成耗尽层,耗尽层宽度为几微米。耗尽层带有负电荷,硅片带正电荷,所以硅片和玻璃之间存在较大的静电引力,使二者紧密接触。这样,外加电压就主要加在耗尽层上。通过电路中电流的变化情况可以反映出静电键合的过程。刚加上电压时,有一个较大的电流脉冲,然后电流减小,最后几乎为零,说明此时键合已经完成。在静电键合中,静电引力起着非常重要的作用。例如,键合完成样品冷却到室温后,耗尽层中的电荷不会完全消失,残存的电荷在硅中诱生出镜像正电荷,它们之间由于静电导致的压力有 1 MPa 左右。可见,较小的残余电荷仍能产生可观的键合力。另外,在比较高的温度下,紧密接触的硅/玻璃界面会发生化学反应,形成牢固的化学键,如 Si—O—Si 键等。经多次工艺测试,发现如下现象:

① 硅/玻璃静电键合界面牢固、稳定的关键是界面有足够的 Si—O 键形成;

② 在高温或者施加相反的电压作用后,硅/玻璃静电键合界面仍然牢固、稳定;

③ 静电键合失败后的玻璃可施加反向电压再次用于静电键合。

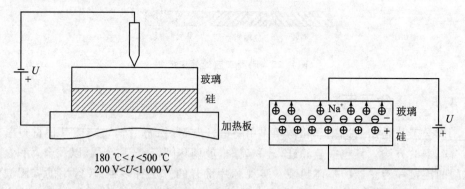

180 ℃< t <500 ℃
200 V< U <1 000 V

图 4.23　阳极键合工艺原理图

影响静电键合的因素有很多,主要包括:

① 两静电键合材料的热膨胀系数要近似匹配,否则在键合完成冷却过程中会因内部应力较大而破碎。

② 阳极的形状影响键合效果。常用的有点接触电极和平行板电极,其中,点接触电极的键合界面不会产生孔隙;而平行板电极的键合界面有部分孔隙,键合的速度比前者快。

③ 表面状况对键合力也有影响。键合表面平整度和清洁度越高,键合质量越好;表面起伏越大,静电引力越小;表面相同的起伏幅度,起伏越圆滑静电引力越大。

静电键合时的电压上限是玻璃不被击穿,下限是能够使键合材料弹性变形、塑性变形,有利于键合。当硅/玻璃键合时,硅上的氧化层厚度一般要小于 $0.5\ \mu m$。静电键合技术还可以应用于金属与玻璃,FeNiCo 合金与玻璃,以及金属与陶瓷等的键合。

2. 硅—硅直接键合

在硅—硅键合工艺中,两硅片可通过高温处理直接键合在一起,中间不需要任何粘结剂和夹层,也不需要外加电场。这种键合技术称为硅—硅直接键合(Silicon Direct Bonding,SDB)技术。该技术中,硅晶片可加热至 1 000 ℃ 以上,使其处于熔融状态,分子力使硅片键合在一起,也称其为热熔键合。该工艺的简单过程如图 4.24 所示。键合过程中要求两硅片表面具有良好的表面粗糙度,可通过表面抛光工艺实现。具体表述如下:

① 将两抛光硅片(氧化或未氧化均可)先经含氢氟酸的溶液浸泡处理;

② 在室温下将两硅片的抛光面贴合在一起;

③ 贴合好的硅片在氧气或氮气环境中经数小时的高温处理,就会形成良好的键合。

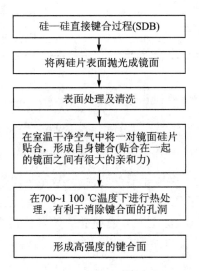

图 4.24　硅—硅直接键合工艺原理图

硅—硅直接键合工艺不仅可以实现 Si—Si、Si—SiO$_2$ 和 SiO$_2$—SiO$_2$ 键合,而且还可以实现 Si—石英、Si—GaAs 或 InP、Ti—Ti 和 Ti—SiO$_2$ 键合。另外,在键合硅

片之间夹杂一层中间层,如低熔点的硼硅玻璃等,还可以实现较低温度的键合,并且也能达到一定的键合强度,这种低温键合可与硅半导体器件常规工艺兼容。

3. 金属共熔键合

所谓金属共熔键合,是指在要键合的一对金属表面间夹上一层金属材料膜,形成三层结构,然后在适当的温度和压力下实现互相连接。金属共熔键合常用的共熔材料为金—硅和铝—硅等。图 4.25 所示为金—硅共熔键合的 4 种接合方式。其中,图 4.25 (a)所示为硅—金/硅—硅三层结构,靠金/硅层实现共熔键合;图 4.25 (b)所示为硅与金属底座的键合,预先在底座上蒸镀一层金膜,利用金/硅共熔实现键合;图 4.25 (c)所示的方式与图 4.25 (b)相反;图 4.25 (d)所示为先制成金/硅箔(厚 20~40 μm),然后将其夹在硅片与底座之间实现共熔键合,同样,也可用铝—硅中间夹层实现三层结构的共熔键合。

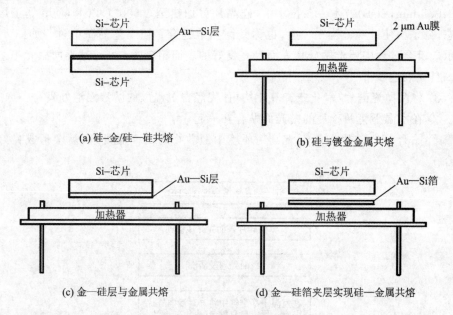

(a) 硅—金/硅—硅共熔

(b) 硅与镀金金属共熔

(c) 金—硅层与金属共熔

(d) 金—硅箔夹层实现硅—金属共熔

图 4.25　共熔键合工艺图

金—硅共熔键合常用于微电子器件的封装中,用金硅焊料将管芯烧结在管座上。1979 年,这一技术用在了压力变送器上。金硅焊料是金硅二相系(硅含量为19 at.%),熔点约为 370 ℃,要比纯金或纯硅的熔点低得多。而铝—硅的共熔温度接近 600 ℃。除金之外,Al、Ti、PtSi、TiSi$_2$ 也可作为硅—硅键合的中间过渡层。

4. 冷压键合

所谓冷压键合,是指在室温、真空条件下,施加适当的压力来完成件与件之间的互相连接。图 4.26 所示为硅—硅冷压键合的原理。在压焊前,先在硅片表面上淀积一层二氧化硅,再在二氧化硅上面分别盖上钛膜和金膜,在室温、真空和加压条件下便可实现硅—金属—硅的键合,并有较高的机械强度。

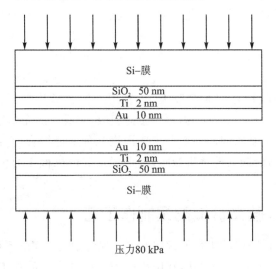

图 4.26　硅—硅冷压键合的原理

4.5　薄膜制备技术

薄膜制备是指通过物理气相沉积(PVD)或化学气相沉积(CVD)等方法,在衬底上制作一层厚度为零点几纳米到数十微米的薄层材料的过程。薄膜材料种类很多,根据不同的使用目的,可以是金属,半导体硅、锗,绝缘体玻璃、陶瓷等;从导电性考虑,可以是金属、绝缘体或超导体;从结构考虑,可以是单晶、多晶、非晶或超晶格材料;从化学组成考虑,可以是单质、化合物或无机材料、有机材料等。

制备薄膜的方法很多,归纳起来有如下几种:

① 气相方法制膜,包括化学气相淀积,如热、光或等离子体 CVD,以及物理气相淀积,如真空蒸发、溅射镀膜、离子镀膜、分子束外延、离子注入成膜等;

② 液相方法制膜,包括化学镀、电镀、浸喷涂等;

③ 其他方法制膜,包括喷涂、涂覆、压延、印刷、挤出等。

其中,化学气相淀积是指单独或综合利用热能、辉光放电等离子体、紫外线照射、激光照射等能源,使气态物质在固体的热表面上发生化学反应并在该表面上淀积,从而形成稳定的固态物质膜。

4.6　多种工艺组合生成 MEMS 器件工程实例

4.6.1　概　述

在实际 MEMS 器件制作过程中,器件生成是多个工艺流程的组合。一般地,在制作工艺中,可把要制作的部分分为几部分,每一部分称为"层"。本节实例主要结合国内加工工艺现状,以体硅工艺为例进行阐述。本工艺主要分为 3 层,分别为结构层(structural layer,用于生成器件可动部分)、金属层(metal layer,用于生成金属导线,实现器件与外围电路的连接)以及锚点层(anchor layer),每一部分都具有一定的图形形状和颜色以及一个对应的工艺过程(包括光刻工艺以及后续的工艺过程,前者用于把图形从掩膜版转移到光刻胶上,后者用于把图形从光刻胶转移到基底材料上),而每完成一个图形的转移都需要一个掩膜版,完成一次光刻过程,这是设计器件制作工艺应考虑的最基本问题。本节主要围绕几种工艺组合,介绍器件实际制作的工艺流程,具体包括谐振式硅微机械陀螺、谐振式硅微机械压力传感器、电磁型平面微电机等。

4.6.2 谐振式硅微机械陀螺制作工艺

谐振式硅微机械陀螺的工作原理将在 6.3 节中介绍,这里不再详细阐述。在制作过程中,首先考虑国内加工现状,在国内基于表面硅工艺的加工技术还不太成熟,所以比较后决定采用体硅工艺。

在体硅工艺中,由于考虑传感器中涉及很多对尺寸及厚度要求较高的静电梳齿驱动器,包括器件尺寸、陡直度以及深宽比等,所以在对结构尺寸要求较严格的器件结构部分采用了 ICP 工艺,来保证较高的尺寸精度、深宽比以及陡直度;而在制作对尺寸要求较低且数值较小的(约 3 μm)支撑腔时,考虑传感器的制作成本以及本部分精度要求不高的特点,采用了 KOH 湿法腐蚀工艺。同时,考虑 ICP 工艺过程中质量块上下表面具有一定的气压差,为确保工艺过程中不被压差压碎质量块,所以在质量块上设计了 4 个支撑立柱,如图 4.27 所示,以增强质量块的抗气压作用。在设计过程中还要考虑键合作用的影响:由于键合工艺是把两种材料组合在一起,所以,当两者用材料键合时,键合锚点的尺寸不能太小(本设计中,键合时允许的方形锚点最小尺寸为 120 μm$\times$120 μm)等。

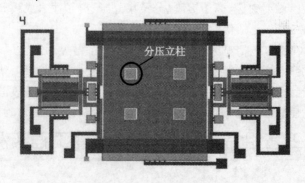

图 4.27 谐振式硅微机械陀螺工艺版图

依据图 4.27 设计的工艺版图,考虑国内体硅工艺加工情况,谐振式硅微机械陀螺加工工艺流程如图 4.28 所示。首先,取一个 3 in 的硅片(见图 4.28(a)),为增加其导电性,对其进行渗硼处理(见图 4.28(b))。渗硼完毕后,取一个玻璃片(见图 4.28(c)),通过干法腐蚀技术,在其表面制作一个浅槽(见图 4.28(d))。在此基础上,通过溅射及剥离工艺在其表面制作出金属电极(材料可为 CrAu4,见图 4.28(e))。金属电极制作完后,利用键合工艺把硅片与玻璃结合在一起,如图 4.28(f)所示。然后,通过减薄工艺对硅片进行减薄(见图 4.28(g))。最后,通过 ICP 工艺得到如图 4.28(h)所示的最终结构。对应于工艺流程,相应的工艺版图如图 4.27 所示。由工艺版图以及制作流程可以看出,本工艺制作分三部分:首先,需要制作支撑结构腔,以实现系统的悬臂支撑(KOH 湿法腐蚀工艺);然后,需要制作出金属导线结构,以实现芯片与外界结构的连接;最后,需要制作出可动部件。所以,需要 3 个工艺流程来完成上述芯片的制作。3 个工艺流程对应 3 个掩膜版,在利用 l-edit 软件制作该芯片的过程中,3 个掩膜版用 3 种颜色表示,每一种颜色表示一层,分别为结构层、金属层和锚点层,软件对每一个结构层都是单独设计和修改的。3 种结构一起呈现(也可以单独呈现),层之间单独编辑,互不影响。对应生成的 3 块掩膜版如图 4.29 所示。依据该工艺完成的传感器显微图如图 4.30 所示。

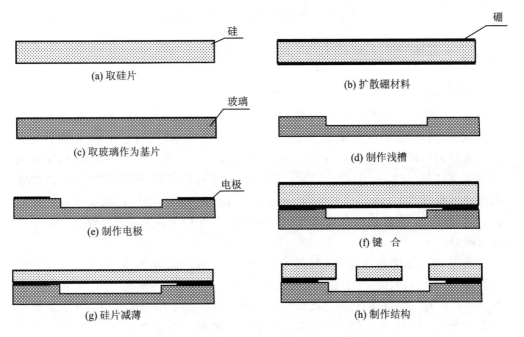

图 4.28　谐振式硅微机械陀螺加工工艺流程

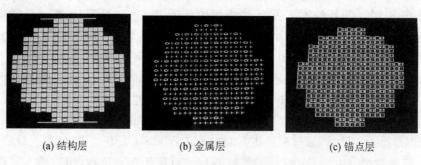

(a) 结构层　　　　　　　(b) 金属层　　　　　　　(c) 锚点层

图 4.29　掩膜版实物图

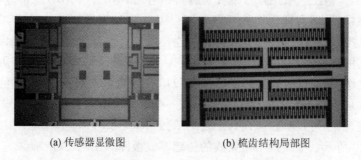

(a) 传感器显微图　　　　　　　(b) 梳齿结构局部图

图 4.30　谐振式硅微机械陀螺结构芯片

4.6.3　电磁型平面微电机制作工艺

1. 结构工作原理

与其他电磁型电机的工作原理相似,电磁型平面微电机在运行过程中同样利用了定子与转子间由于电磁作用产生的作用力,依靠电磁场为媒介,把电能转化为转子运动的机械能。图 4.31 所示是该电机的装配示意图,由图可以看出,该电机采用了单定子-双转子的直流无刷电机结构,定子和转子之间采用轴向连接,定子固定在电机壳体上,转子共有两个,对称分布于定子两侧,电枢线圈制作在定子一侧。这种连接方式既增加了电机的输出力矩,又从结构上解决了电机在轴向的单边拉力问题。

图 4.32 所示为微电机定子线圈单面分布示意图,由图可看出,微电机中定子绕组采用了平面型、无槽式、无铁芯结构的集中绕组。正面和反面各 18 个线圈,对称分布于基片两侧,正反两面线圈之间依靠过线孔连接。其工作原理采用直流无刷电机的工作方式。其中,定子绕组之间的连接采用三相星形连接方式(见图 4.33),每相有 12 个线圈相串联,按照 A、B、C 相间隔的顺序呈辐射状均布于以硅为衬底的平面上。定子绕组线圈的上述结构使电机的轴向尺寸大幅度减小,解决了传统电机由于齿槽效应引起的转矩脉动,因而转矩输出平稳;由于绕组采用无铁芯结构,因此不存在磁滞损耗和涡流损耗,从而提高了传动效率;定子线圈电感小,因此具有良好的换

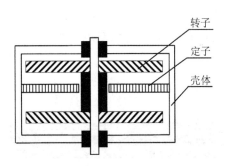

图 4.31　电磁型平面微电机装配示意图

向性能;由于定子线圈两端直接与气隙接触,有利于线圈的散热,可以具有较大的电负荷。为了增加电机驱动力,定子绕组采用了双面绕组的形式。

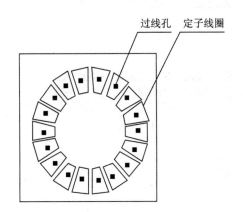

图 4.32　微电机定子线圈单面分布示意图

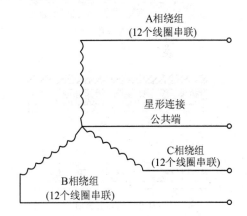

图 4.33　定子绕组线圈连接简图

2. 制作工艺分析

由电机工作原理可知,定子线圈的匝数、厚度等将对输出力矩产生很大的影响。因此,定子线圈要有较大的厚度以及较多的匝数。而对于本电机的制作工艺来说,其主要流程就是在硅片的双面制作一系列金属定子绕组线圈,每一面 18 个,两面之间由过孔连接。可见,本工艺的制作难度有:

① 如何在单晶硅片双面制作高质量的金属绕组线圈;

② 保证能够腐蚀透单晶硅片且过孔之间有金属导线相连。

因此,本工艺与前述谐振式硅微机械陀螺工艺具有较大的差异。首先,制作定子绕组线圈时采用了 MEMS 溅射工艺与电铸工艺相结合的方法。以溅射工艺制作定子线圈种子层,然后采用光刻工艺,以光刻胶材料制作电铸工艺所需要的凹槽,如图 4.34 所示。由于本工艺要求定子绕组具有较大厚度,为增加光刻胶厚度,采用了二次匀胶的方法,即制作完第一层胶膜后,在第一层的基础上,制作第二层胶膜,两者叠加作为总厚度。本工艺最大的难度就是由于在硅片两面都要制作定子线圈,且两

微机电器件设计、仿真及工程应用

面线圈都要求具有较好的对准性能,进而使过孔能够很好地进行连接。因此,经反复实验,决定采用双面光刻、双面对准的方法,简单工艺流程如图 4.35 所示。

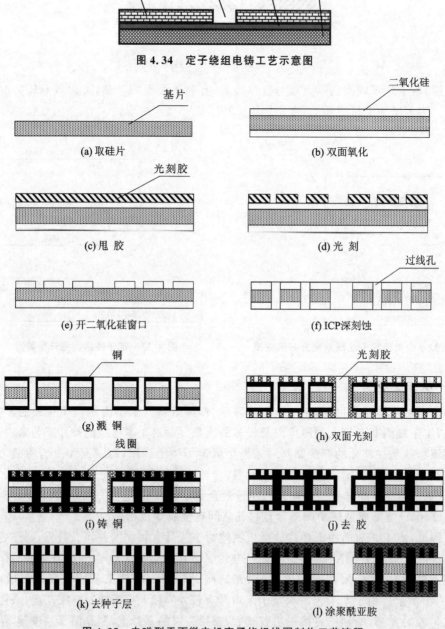

图 4.34　定子绕组电铸工艺示意图

(a) 取硅片

(b) 双面氧化

(c) 甩　胶

(d) 光　刻

(e) 开二氧化硅窗口

(f) ICP深刻蚀

(g) 溅　铜

(h) 双面光刻

(i) 铸　铜

(j) 去胶

(k) 去种子层

(l) 涂聚酰亚胺

图 4.35　电磁型平面微电机定子绕组线圈制作工艺流程

• 94 •

制作过程主要包括两部分,第一部分主要是利用 ICP 制作定子绕组线圈的过线孔,通过双面氧化、双面光刻、显影、开二氧化硅窗口、ICP 深刻蚀等工艺过程,最后得到比较理想的过线孔窗口;第二部分主要是利用准 LIGA 工艺制作定子绕组线圈,以硅为衬底,其上溅射一层铜作为种子层,通过双面光刻、双面显影、双面电铸等工艺过程,最后在硅衬底两面各形成 18 个大约厚 30 μm 的线圈。实验结果证明,定子线圈与衬底之间结合紧密,正反面线圈之间导电性好,线圈没有脱落现象。

由工艺设计流程可知,该电机制作需要 3 块光刻版,其中第一块用于正面线圈制作,第二块用于反面绕组线圈制作,第三块用于线圈与外界测试电路的连接。详细的绕组线圈制作流程及各工艺过程解释如下:

① 硅片的制备及预处理:制作中选用<100>晶向的硅作为基底材料。制作前硅基底表面必须干净,对于表面有杂质(如灰尘、污垢等)的硅片要进行清洗,清洗可以在清洗机中进行。清洗完毕的硅片必须烘干,去除硅片表面的水分,以防止硅片在光刻、显影时出现浮胶等现象。硅片烘干温度不得低于 100 ℃。

② 在电磁型平面微电机制作过程中,二氧化硅主要是作为 ICP 工艺制作过线孔的掩膜层,并保证制作完毕的定子绕组线圈之间绝缘。硅片的氧化采用生产中常用的热生长法,热生长法常用的氧化气氛有水蒸气、干燥氧气和潮湿氧气等。高温下,它们与硅的反应为

$$\text{Si} + \text{O}_2 \xrightarrow{\Delta} \text{SiO}_2 \tag{4.31}$$

$$\text{Si} + 2\text{H}_2\text{O} \xrightarrow{\Delta} \text{SiO}_2 + 2\text{H}_2 \uparrow \tag{4.32}$$

③ 甩胶:就是在二氧化硅表面涂上一层粘附良好,厚度适当、均匀的光刻胶膜。胶膜太薄,针孔多,抗蚀能力差;胶膜太厚,分辨率低。甩胶过程利用了德国 Karlsuss 的 MA6/BA6 甩胶机,甩胶完毕的图形如图 4.35(c)所示。

④ 光刻:主要包括前烘、曝光、显影、坚膜等,光刻完毕的图形窗口如图 4.35(d)所示。

⑤ 开二氧化硅窗口:在电磁型平面微电机制作过程中开二氧化硅窗口主要是为 ICP 工艺制作过线孔窗口做准备。电磁型平面微电机制作过程中二氧化硅腐蚀液利用了氢氟酸的缓冲剂,将无光刻胶覆盖的二氧化硅腐蚀掉而保存带有光刻胶膜区域。二氧化硅腐蚀液的选用标准是腐蚀液必须能够腐蚀裸露的氧化层,而不损伤硅片表面的光刻胶。

利用氢氟酸腐蚀二氧化硅掩膜主要利用了氢氟酸与二氧化硅之间产生的络合反应,反应式如下:

$$\text{SiO}_2 + 4\text{HF} = \text{SiF}_4 + 2\text{H}_2\text{O}$$

$$\frac{\text{SiF}_4 + 2\text{HF} = \text{H}_2[\text{SiF}_6]}{\text{SiO}_2 + 6\text{HF} = \text{H}_2[\text{SiF}_6] + 2\text{H}_2\text{O}} \tag{4.33}$$

$$\text{氢氟酸:氟化铵:去离子水} = 3\ \text{mL} : 6\ \text{g} : 10\ \text{mL} \tag{4.34}$$

开完的二氧化硅窗口如图 4.35(e)所示。

⑥ ICP 工艺制作过线孔:电磁型平面微电机过线孔的制作可以利用湿法腐蚀(如 KOH 腐蚀)或干法腐蚀(如 ICP),KOH 腐蚀虽然有操作方便、腐蚀速度高等优点,但晶向的作用,使得湿法腐蚀难以保证过线孔的垂直度。另外,由于湿法化学腐蚀存在侧向腐蚀,并且腐蚀特性受温度和材料性能的影响大,所以不易控制;而干法腐蚀可以很好地克服上述缺点,因而过线孔制作过程中利用干法腐蚀(制作中利用了ICP 工艺)能够得到较理想的过线孔窗口,如图 4.35(f)所示。

⑦ 溅铜:在电磁型平面微电机制作过程中,溅铜主要是作为电铸工艺的种子层。工艺过程是在 SP－Ⅰ型 2 kW 射频匹配器中进行的,制作完成结构如图 4.35(g)所示。

⑧ 双面光刻:依据电磁型平面微电机的结构及工作原理,定子绕组线圈是对称分布于硅衬底两个平面上的,所以必须在两个平面上制作线圈,并且正反两面对应的线圈之间必须对准。解决方法是在定子绕组线圈光刻版上的两侧制作两个十字对版标记,然后利用光刻机的反面对版功能完成双面线圈的光刻,再把曝光完毕的线圈放入显影液中显影,便得到相对位置比较重合的双面定子线圈光刻图形。光刻完毕的双面绕组示意图如图 4.35(h)所示。

⑨ 铸铜:光刻完毕的硅片需要进行电铸,从而得到需要的定子绕组线圈。电铸工艺过程是在自行研制的电铸仪中进行的,电铸液采用硫酸铜溶液。通过反复摸索,得出了比较理想的工艺条件,结果如图 4.35(i)所示。最后得到的定子绕组线圈显微图如图 4.36 所示。

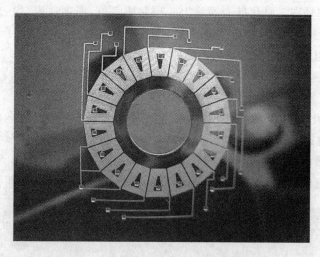

图 4.36　电铸完毕的定子绕组线圈显微图

⑩ 去胶:电铸完毕的定子绕组线圈必须去除表面的光刻胶,以便腐蚀掉光刻胶下面的种子层,实现导线之间的绝缘。去胶时把带有绕组线圈的硅片放入装有丙酮的培养皿中浸泡一段时间,然后用酒精和去离子水清洗,得到带有种子层的定子

线圈。

⑪ 去种子层：为实现定子绕组线圈间的绝缘，在电磁型平面微电机制作过程中利用三氯化铁溶液去除种子层，它与铜之间的反应式为

$$2FeCl_3 + Cu \longrightarrow 2FeCl_2 + CuCl_2 \qquad (4.35)$$

在去种子层的过程中，三氯化铁溶液与种子层和定子线圈的铜同时反应，但是由于种子层厚度（约 2 000 Å）相对于定子绕组线圈（约厚 30 μm）可以忽略不计，所以在种子层的铜去除完毕后，定子绕组线圈上的铜几乎没有损失。为防止反应速度过快，三氯化铁一般选用较低的浓度（低于 10%），去除完种子层的示意图如图 4.35(k)所示。

⑫ 涂聚酰亚胺：定子线圈在去完种子层后，在硅基底两面各形成 18 个平面线圈。为防止由于外界原因如接触摩擦等造成的线圈断线、短路等情况发生，平面线圈表面必须涂一层保护膜进行防护。该工艺主要采用的防护膜材料为聚酰亚胺。涂完聚酰亚胺的定子线圈如图 4.37 所示。

图 4.37　涂完聚酰亚胺的定子线圈

4.7　小　结

本章结合作者实际工程中的经验，系统介绍了 MEMS 器件的制作工艺过程，其包括光刻工艺、体硅工艺、表面硅工艺、LIGA 工艺、溅射工艺、剥离工艺、薄膜制备工艺以及键合工艺等，并以谐振式硅微机械陀螺及电磁型平面微电机为实例，对 MEMS 器件制作工艺以及设计思想等进行了详细介绍。

参考文献

[1] DEAL B E, GROVE A S. General Relationship for the Thermal Oxidation of Silicon[J]. Journal of APPLIED PHYSICS,1965,36(12):3770-3778.

[2] Campbell S A. The science and engineering of microelectronic fabrication[M]. New York：Oxford University press, 2001.

[3] 刘忠安. 光刻工艺参数的优化方法[J]. 半导体光电,2001,11:52-54.

[4] 王阳元,康晋锋. 硅集成电路光刻技术的发展与挑战[J]. 半导体学报,2002,3:225-237.

[5] 陈东石,王冬梅,路海林. 微细线条加工中光刻精度的保证[J]. 微处理机,2002,2:23-26.

[6] 电子工业半导体专业工人技术教材编写组. 半导体器件工艺[M]. 上海:上海科学技术文献出版社,1984.

第 **5** 章

微尺度下 MEMS 器件摩擦磨损问题

5.1 概　述

　　MEMS 是随着半导体集成电路、微细加工技术和超精密机械加工技术的发展而发展起来的,它涉及电子、机械、材料、制造、信息与自动控制、化学和生物等多种学科的交叉并融汇了当今科学技术发展的成果[1-5],是一个多学科、高技术的新兴领域。MEMS 在工业[6-7]、信息和通信[8]、国防、航空航天[9-11]、航海、医疗[12-13]生物工程[14]、农业、环境[15]和家庭服务等领域有着广阔的应用前景。

　　然而,随着微机电器件尺寸的减小,其表面积与体积之比也会相应增加。此时,构件的力学特征与宏观尺度不同,表现出强烈的尺寸效应[16-19],进而使表面效应大大增强。例如,当构件尺寸从 1 mm 减小到 1 μm 时,面积减小因子为 100 万分之一,而体积减小因子为 10 亿分之一。于是,正比于面积的作用力(如摩擦力、粘着力等)与正比于体积的作用力(如惯性力、电磁力)相比,增大了数千倍而成为微机械的主要作用力。而由于"尺寸效应",许多传统的理论包括摩擦学理论、微流体理论以及传热理论等,已经不再适用。本章主要针对上述问题,对 MEMS 中的微观尺度问题、国内外发展现状及其测试方法进行讲解,主要内容包括 MEMS 摩擦学问题、MEMS 器件磨损问题等。在介绍 MEMS 器件摩擦学问题的基础上,着重讲解了一种片上摩擦学测试系统的设计方法、制作工艺以及测试结构。

5.2 MEMS 摩擦学问题

5.2.1 MEMS 摩擦学问题简介

　　对于可动微机电器件来说[20-21],由于器件摩擦副间隙常处于纳米级甚至零间隙,使得器件摩擦副间的摩擦力的影响大大增强。摩擦阻力影响的增大不仅制约了微器件的运动性能,而且也加剧了摩擦副表面的损伤,严重阻碍了可动微机电器件的性能、使用寿命及市场化、适用化的进程。图 5.1 所示是美国加州大学伯克利分校于1988 年在微电子工艺基础上研制的世界第一台静电微电机的 SEM 图,该研究成果在当时引起了很大的轰动,被认为是 MEMS 研究的里程碑。然而,该电机在运行了几分钟后就停止了工作。后经分析发现,失效主要是由于该电机的高速运转(一般可达 10 000 r/min 以上)导致定子与转子摩擦副(见图 5.1(b))的磨损加剧,使得摩擦副间隙加大,进而造成转子的颤振引起的。

 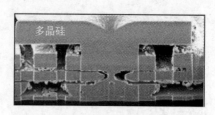

(a) 静电微电机总体SEM图　　　　　　(b) 摩擦副SEM图

图 5.1　静电微电机总体 SEM 图和摩擦副 SEM 图

图 5.2 所示是美国 Sandia 国家重点实验室利用 MEMS 表面硅工艺中的气相沉积及牺牲层技术[22-25],以多晶硅为材料制作的微小齿轮传动机构的 SEM 图,其侧面摩擦副磨损图如图 5.3 所示。该机构在运行 100 h 左右后(驱动频率为 1 720 Hz,1×10^9 周期)突然失效。图 5.4 与图 5.5 所示分别是磨损测试前后在 SEM 下得到的齿轮与轴的连接孔。由图可以看出,导致失效的最直接原因与静电微电机相似,是由于轴与齿轮孔的摩擦导致孔的严重变形,从而使配合间隙加大,导致齿轮旋转过程中发生震颤引起的。

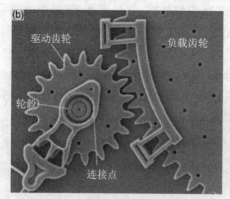 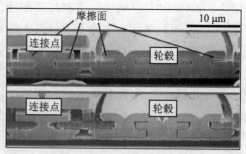

图 5.2　Sandia 国家重点实验室的　　　　　图 5.3　齿轮侧面摩擦副磨损图
　　　微小齿轮传动机构的 SEM 图

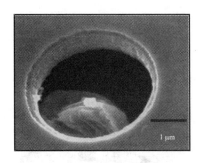

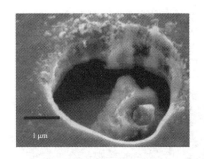

图 5.4　磨损测试前 SEM 图　　　　　图 5.5　磨损测试后 SEM 图

可见,可动微机电器件的摩擦磨损问题已经成为阻碍其市场化、适用化的关键因素之一,同时成为各国进行 MEMS 研究的重要方向之一。然而,找到合适的、能够真实反映微机电器件摩擦磨损状况的测试方法,为微摩擦理论研究提供可靠的实验数据,更成为当务之急。

5.2.2　可动微机电器件摩擦磨损测试方法的国内外发展现状

国内外对微机电器件摩擦磨损规律的研究方法主要分为片上测试方法及片外测试方法两种。所谓的片外测试方法,主要是指以 MEMS 工艺为基础加工出微小试件,以专门的外围测试设备对试件进行加载及测试的方法。片上测试方法则采用 MEMS 加工工艺把加载机构、测试机构及力传感器集成在一个单一的芯片上,利用测试系统本身就可以完成器件摩擦特性的测试过程。相对于片外测试方法,片上测试方法具有易于装配、力和位移检测分辨率高等优点。另外,由于片上测试方法的被检测摩擦副利用 MEMS 工艺制作,其接触状况与实际的可动 MEMS 器件的接触状况相似,因而能够比较真实地反映微机电器件摩擦副的实际摩擦磨损状况。因此,片上微摩擦学测试方法已经成为现在微摩擦研究的重要方向之一。

1. 片外微摩擦学测试方法的国内外发展现状

(1) 利用销盘实验法进行微摩擦学测试

销盘实验法是国内外进行摩擦磨损研究较常用的实验方法之一。图 5.6 所示是一种比较典型的利用该方法进行微摩擦学测试的微摩擦试验机。其工作台主要由放置样品的旋转台、悬臂以及光学测试系统等组成。测试过程中摩擦副的一个摩擦面固定在旋转台上,另一个摩擦面固定在悬臂机构的端部,如图 5.6(b)所示。摩擦副之间的预紧是通过调节旋转台的高度来实现的。接触压力的大小可通过测量悬臂在竖直方向的位移得到。然后,缓慢转动工作台,使摩擦副之间发生相对转动,摩擦力的大小可利用光学测试的方法,通过测量悬臂在水平方向的变形得到。

国内外在利用该试验机进行摩擦学测试方面取得了一定的进展。德国汉诺威大学 Hans H. Gatzen[26]教授领导的课题组利用该测试设备对硬盘表面与磁头的微摩

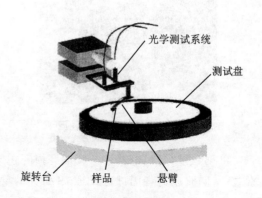
光学测试系统
测试盘
旋转台 样品 悬臂

(a) 试验机总体图　　　　　　　　　(b) 测试部分放大图

图 5.6　微摩擦试验机

擦学状况进行了测试,测试过程中安装在测试盘上的盘片是表面镀了一层 DLC 膜的铝盘,固定在悬臂上的滑块材料为两种具有不同表面形貌的单晶硅硅片,其中一种具有光滑的表面,另一种则利用 MEMS 体硅工艺在其表面制作了许多圆形的小岛以减小其与盘片表面的名义接触面积。测试过程中正压力施加范围为 10～60 mN。测试结果显示,第一种样品的表面与铝盘之间的摩擦系数较小,约 0.24,做过修饰的表面与铝盘之间的摩擦系数较高,约 0.34。这说明,随着名义接触面积的增大,其摩擦系数是逐渐减小的。该结果与 1998 年 Scherge 教授[27]课题组用相似方法得到的测试结果刚好相反。Hans H. Gatzen 认为造成测试结果相反的原因主要是测试过程中,后者使用的滑块是经过抛光的单晶硅,而自己试验所用的单晶硅材料表面具有一定的表面粗糙度。Scherge 课题组得到摩擦系数随着名义接触面积的增大而增大的结论是由于两个光滑接触表面的粘着力随着接触面积的增大而增大,进而导致摩擦系数增大。而由于 Hans H. Gatzen 等人试验所用到的滑块具有比较粗糙的表面形貌,所以导致测试结果不同。

　　销盘实验法虽然能够对微机电器件摩擦副的一些摩擦特性进行测试,但由于该试验方法测试得到的测试精度一般在微牛量级,所以目前主要用于对宏观器件的摩擦学性能进行测试,而微观摩擦学测试应用较少。

(2) 利用 AFM 进行微摩擦学测试

　　AFM(Atomic Force Microscopy ,原子力显微镜)是目前国内外进行微摩擦研究最常用的方法之一。该设备对微摩擦学数据的提取主要采用了激光束偏转法,测试原理图如图 5.7 所示。测试过程中被测试样品放在样品台上,其表面与 AFM 的针尖形成一对接触副。AFM 的针尖安装在一个对微弱力极敏感的 V 形微悬臂上,微悬臂的另一端固定。通过调节样品台的位置,使针尖趋近样品表面并与表面轻轻接触。然后,使针尖轻轻地在样品表面滑动,滑动过程中其顶端原子与样品表面原子间的作用力会使悬臂产生弯曲,偏离原来的位置。偏离量的大小可以通过一对光电二极管测量出来。接着通过将微悬臂弯曲的形变信号转换成光电信号并放大,便可以得到摩擦力及正压力的相关数据。

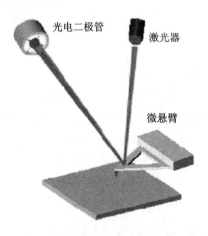

图 5.7　AFM 进行微摩擦学测试原理图

　　国内外在利用 AFM 对微机电器件进行微摩擦学研究方面取得了较大的进展,其中成绩较显著的是美国俄亥俄州立大学信息存储和 MEMS 纳米摩擦学实验室的 Bharat Bhushan 领导的课题小组。1996 年,该课题组利用 AFM 对几种不同的单晶硅表面(未处理过的表面、利用干氧氧化法得到的表面、利用湿氧氧化法得到的表面,以及利用表面硅工艺在其表面制作一层多晶硅)的微摩擦学特性进行了研究,测试结果显示,在微观条件下,各种材料表面的摩擦系数相近(约 0.04),但其他几个经过处理的表面比裸露的单晶硅表面具有更好的耐磨性[28]。利用 AFM 测出的微摩擦系数比宏观条件下测出的摩擦系数(大约 0.3)要低得多,该课题组认为这是由于微观条件下材料的实际接触面积减小,进而接触点的个数减少,使得犁沟效应对摩擦力的影响减少所致。该研究小组还发现,随着施加在摩擦副上正压力的增大,摩擦系数逐渐接近宏观摩擦系数,而接触表面的破坏程度却加剧了。这些现象都与宏观的 Amontons 定律相违背,进一步说明研究微机电器件摩擦磨损规律的必要性。2000 年,该研究小组对表面形貌对微摩擦系数的影响问题进行了研究[29]。研究发现,加工过的表面形貌对摩擦副摩擦系数有较大影响。Bharat Bhushan 利用所谓的"棘轮原理"进行了解释,他认为摩擦系数不同主要是由于在针尖往复运动过程中与具有不同形貌梯度的表面所形成的接触角不同造成的。在针尖运动过程中,与之形成接触副的粗糙峰是正梯度时,摩擦副之间的摩擦系数会随之增大;反之,与针尖接触的粗糙峰是负梯度时,摩擦系数就会减小。该解释驳斥了以往认为表面形貌对摩擦系数的影响与针尖扫描方向无关的说法。随后,该课题组利用 AFM[30-31] 对改善微机电器件摩擦磨损的方法进行了研究(主要研究对象是数字微镜(Digital Micromirror

Device,DMD)），实验中在 Si(111) 表面制作了四种不同的自组装分子膜（Self-Assembled Monolayer,SAM），分别是 HDT 分子膜、MHA 分子膜、BPT 分子膜以及 BPTC 分子膜。测试结果显示，各种自组装分子膜与 AFM 探针针尖间的摩擦系数都比单晶硅要小且各自组装分子膜与 AFM 探针针尖间的摩擦系数也不同，其中与 HDT 的摩擦系数最小。Bharat Bhushan 利用分子弹簧模型理论对该现象进行了解释，SAM 减磨模型如图 5.8 所示。在模型中，他把表面的自组装分子膜比喻成一个个固定在单晶硅基底上的"分子弹簧"。AFM 的探针针尖在自组装分子膜表面的滑动好像是针尖在一个个"分子弹簧"上的运动，其中每一个分子弹簧都具有相同的特征及一定的方向性。在一定的压力下，分子弹簧能够产生伸缩。他认为，由于分子弹簧的作用，使摩擦表面的剪切力减小，从而减小了两个表面之间的摩擦力。不同的 SAM 膜之间的摩擦力也不同，这是因为模型中弹簧的"倔强系数"不同导致的。该研究结果对改善 DMD 摩擦副之间的摩擦起到了重要的指导作用。

图 5.8　SAM 减磨模型

　　虽然在利用 AFM 对微器件摩擦磨损的研究上取得了较大发展，但是，由于 AFM 在测试过程中是针尖与被测试件之间的接触，其摩擦副并不能模拟真正的 MEMS 器件的接触情况，并且由于与针尖连接的悬臂弯曲对测试结果造成的误差的影响难以消除，因此测试结果存在着一定的问题。

（3）利用专用测试设备进行微摩擦学测试的方法

　　对微机电器件摩擦磨损问题的研究除了销盘试验法以及 AFM 外，还有一种方法就是利用各科研机构自行研制的微摩擦测试设备进行测试[32-35]。与前两种测试方法不同的是，该测试方法中组成摩擦副的两个摩擦面都是利用 MEMS 工艺制作的，设备只是起到了夹持、加载以及提取正压力和摩擦力（通过设备上的力传感器得到）的作用。目前，利用该测试方法进行微摩擦学测试研究也取得了一些进展，研究机构有德国的 IMT(Institute for Microtechnology)、汉诺威大学以及美国的加州大学伯克利分校等。美国加州大学的 Chen Quanfang[35] 等人于 2000 年利用该测试方法对单晶硅材料的摩擦学特性进行了测试，测试过程中一个对磨面采用未处理过的单晶硅，另一个对磨面利用 MEMS 体硅工艺，在单晶硅材料表面制作了高 3 μm，直径从 2 μm 到 1 024 μm 不等的一系列圆柱表面。通过对不同样品的测试，该研究小组发现，当圆柱直径小于 64 μm 时，随着圆柱直径的增大，摩擦系数逐渐增大，在直径尺寸达到 64 μm 时摩擦系数达到最大。当继续增大圆柱的直径时,摩擦系数开始逐渐减小;当直径尺寸达到 256 μm,继续增大圆柱直径时,摩擦系数将成为一个不变的常量。可见,当直径尺寸小于 256 μm 时,传统的摩擦学定律是不适用的。同时,该课题组还发现单晶硅的晶向对摩擦系数有较大的影响,<111>晶向比<100>晶向的摩擦面的摩擦系数大 10%～60%。

该测试方法的优点是,摩擦副之间的接触与真实 MEMS 器件的接触情况相似,模拟比较真实。但是,由于该测试方法主要是侧重于器件的上表面,所以对于侧面摩擦副的摩擦磨损状况的研究无能为力。而实际的 MEMS 器件侧面摩擦副的接触情况与上表面是有很大区别的。

2. 片上微摩擦学测试方法的国内外发展现状

片上微摩擦学测试方法由于具有装卡容易、集成度高以及能真实模拟微机电器件摩擦副的实际接触情况等优点而成为微摩擦学测试的主要方法之一。据可查文献,国内外进行片上微摩擦学测试采用的方法依据其动力源划分主要有两种:利用静电力驱动以及利用压电效应驱动。

(1) 静电力驱动的片上微摩擦学测试方法

该测试方法的主要驱动源为静电梳齿驱动器。根据测试过程中产生接触的摩擦面的形状不同,该测试方法大致可细分为面-面接触法、平面-柱面接触法、平面-球面接触法以及线-线接触法等。

1) 面-面接触法

面-面接触法主要指测试过程中形成摩擦副的两个接触面都是平面的情况。图 5.9 所示是荷兰屯特大学以多晶硅为基底材料制作的面-面接触式片上微摩擦学测试机构的 SEM 图[36-39](摩擦副在 A 处的局部放大图如图 5.9(b)所示),图中摩擦副的驱动源为两个垂直放置的静电梳齿驱动器,即驱动器 C 和驱动器 D。测试过程中首先在驱动器 D 上施加一直流驱动电压,使得鞋状接触头 B 在静电力的作用下压紧固定在基底上的矩形静态块。正压力大小可通过静电力与悬臂由于弯曲产生的回复力的差值得到。摩擦副产生接触后,在水平驱动器 C 上施加一逐渐递增的直流驱动电压,通过记录摩擦副之间发生相对移动的瞬间施加在驱动器 C 上的驱动电压值,便可得到摩擦力的数值,同时得到摩擦力与正压力的比值。该测试方法具有片上测试机构所共有的集成度高、易于装配等优点。但是,由于测试机构中的梳齿驱动器采用了单悬臂机构,机构的整体稳定性不好,使得测试过程中梳齿容易产生接触,导致驱动器失效。另外,摩擦副间正压力的产生是通过压杆机构实现的,而由于测试过程中没有考虑压杆弯曲变形产生的影响,测试结果会产生较大的误差。可见,该测试方法有许多需要改进之处。

2) 平面-柱面接触法

在利用平面-柱面接触法进行微摩擦学测试过程中,形成摩擦副的两个接触面中

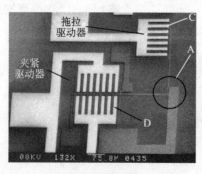
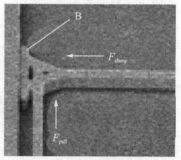

(a) 机构总体图　　　　　　　　(b) 测试部分放大图

图 5.9　面-面接触式片上微摩擦学测试机构的 SEM 图

的一个是半圆柱面,另一个是平面。与面-面接触法相似,该测试方法主要侧重于对微机电器件侧面摩擦副摩擦磨损状况的研究。图 5.10 所示是美国的 Sandia 国家重点实验室利用表面硅工艺在多晶硅材料上制作的平面-柱面接触式片上微摩擦学测试机构[40-43]的 SEM 图,放大的摩擦副的 SEM 图如图 5.10(b)所示。其测试方法与屯特大学制作的片上微摩擦学测试机构相似,都利用了静电梳齿驱动器作为驱动源。但相对于前者,该测试机构中静电梳齿驱动器的支撑部分采用了对称的悬臂结构,解决了前者由于结构不对称造成的失稳问题。同时,由于固定的半圆柱形锚点设计在了静电梳齿驱动器两伸出端的内侧且预紧力的施加是依靠梳齿驱动器拉动悬臂伸出端来实现的,不存在悬臂由于受压而产生弯曲变形的问题,保证了测量精度。另外,由于该测试结构中驱动器可动部分的位移是沿着与梳齿平行的方向,而不是沿着与梳齿垂直方向运动(屯特大学的测试机构是沿着该方向运动的),因此,该测试机构测试过程中可动部分的位移大大增加,进一步保证了测试的效果。课题组利用该装置对两个未制作任何表面自组装分子膜的硅片表面以及在表面制作 ODTS 自组装分子膜两种情况下摩擦副的摩擦磨损状况进行了测试,测试结果显示,在摩擦副表面制作自组装分子膜后系统的使用寿命是未制作自组装分子膜的 3 倍,而两种情况下摩擦副之间的摩擦系数相近,为 0.14～0.16。

3) 平面-球面接触法

该测试方法中形成的摩擦副的接触面一个是平面,另一个是半球面。与前两种测试方法的共同点是,都采用了静电梳齿驱动器来实现摩擦副之间的相对往复运动;不同之处是,该测试方法中摩擦副间的接触压力是通过在平板电容之间的由于静电力产生的相互吸引来实现的,而前两种测试方法是通过梳齿驱动器加载实现的。图 5.11 所示是美国加州大学伯克利分校的 M. G. Lim[44-47]等人的研究小组利用MEMS 表面硅工艺中的牺牲层技术,以单晶硅为材料制作的平面-球面接触副微摩擦学测试机构的 SEM 图。系统中的梳齿驱动器仍采用对称的悬臂机构。在梳齿驱动器伸出端两侧的底部对称分布着四个球形突起(突起的侧面图见图 5.11(b)),与

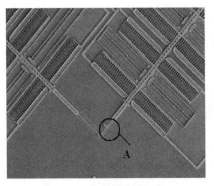 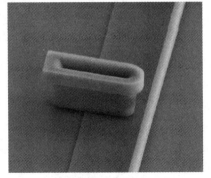

(a) 结构总图　　　　　　　　　(b) A处局部放大图

图 5.10　平面-柱面接触式片上微摩擦学测试机构的 SEM 图（Sandia）

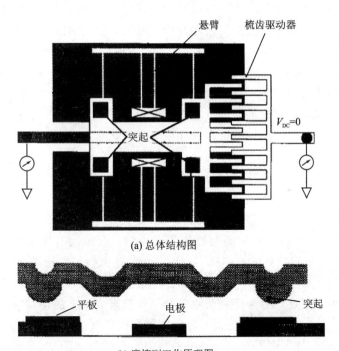

(a) 总体结构图

(b) 摩擦副工作原理图

图 5.11　平面-球面接触副微摩擦学测试机构的 SEM 图

下面四个平板相对,组成四副摩擦副。在驱动器端部正中间位置有一个平板电极。测试过程中,首先,在梳齿驱动器上施加一直流驱动电压,驱动器的可动梳齿在静电力作用下产生一个向右的位移,静电力的大小可通过测试悬臂的变形计算得到。然后,在测试机构基底电极上施加一直流电压(电压的大小应保证摩擦副之间由于正压力产生的最大静摩擦力大于悬臂的回复力),使得基底平板与上面的半球面接触(接触压力的大小随电压的大小而变化)。摩擦副产生接触后,去除施加在梳齿驱动器上的直流电压。接着,逐渐减小施加在基底电极上的驱动电压,进而逐渐减小施加在摩擦副上的正压力。当电压减小到摩擦副产生相对位移的瞬间,记录对应的驱动电压。此时,正压力的大小可通过平板电容理论计算出来。对应的摩擦力可通过悬臂变形得到。课题组利用该测试机构分别在空气中与真空中对摩擦副的静态摩擦系数进行了测试。测试结果表明,在空气中摩擦副间的摩擦系数比真空中大(空气中静态摩擦系数大约为 0.58,真空中大约为 0.43)。他们认为这主要是由于在空气中的水蒸气的作用下,导致摩擦副表面力增大。

虽然该测试方法能够对摩擦副间的摩擦学状况进行一些测试,但由于测试结构本身的一些缺陷,导致测试结果会产生较大测量误差。首先,测试过程中正压力是通过平板电容理论计算得到的且计算过程中认为两个平板电容表面绝对平整,而实际过程中由于工艺条件的限制,电容极板表面不可能绝对平整。其次,摩擦副产生接触后,由于两平板电容之间的距离是通过理论设计得到的,而制作完该机构后其准确数值很难通过测试得到,理论结果与实际数值之间具有较大的误差。因此,把该两个具有误差的数据代入正压力计算公式中会产生较大的误差。另外,在平板电极上施加一直流电压使得摩擦副产生接触后,梳齿驱动器的悬臂在竖直方向上产生了一定的位移,虽然该位移的数值较小,但同样会导致静摩擦力的测试结果具有一定的误差。

可见,虽然该测试机构能够进行一些微摩擦学测试,但由于设计结构的限制,导致产生比较大的测量误差,该测试方法存在一定的缺陷。

4)线-线接触法

线-线接触法主要指对齿轮接触副摩擦学特性测试的方法。图 5.12 所示是 Sandia 国家重点实验室的 Danelle M. Tanner 等人[48-54]以多晶硅材料为基底制作的对齿轮副摩擦特性测试机构的 SEM 图。与平面-柱面接触测试方法相似,该机构同样利用了两个垂直放置的梳齿驱动器作为动力源。两驱动器横梁伸出端垂直连接(见图 5.12(b)),在连接处的延伸杆上利用一个铰链机构与齿轮连接,形成一个连杆机构。测试过程中,通过在两个梳齿驱动器上按照一定的顺序施加具有一定频率的方波电压,便可通过连杆机构把驱动器在水平和竖直方向上的位移转化为齿轮的旋转运动,实现齿轮的传动,进而达到对齿轮摩擦副的摩擦学规律进行测试的目的。该课题组在不同的空气湿度下对该摩擦副的磨损状况进行了测试,发现随着空气湿度的提高,轮齿之间磨损逐渐降低。该课题组认为,发生该现象主要是由于水蒸气中的氢氧根离子在摩擦副之间起到了润滑剂的作用。空气湿度的降低导致摩擦副之间氢氧根离子的减少,使得摩擦副间的磨损加剧。

(2)利用压电效应驱动的片上微摩擦学测试方法

除利用静电梳齿驱动器作为驱动源外,还有一种测试方法就是利用一些 MEMS 材料的压电效应,通过一定的转化机构把由压电效应产生的变形转化为微摩擦学测试需要的往复运动,达到对摩擦副的摩擦学规律进行研究的目的。图 5.13 所示是美国空军研究实验室的 Steven T. Patton 等人[55-57]以多晶硅为材料制作的该片上微摩

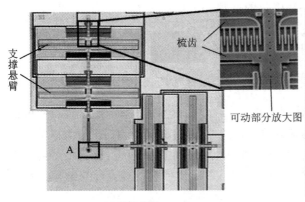

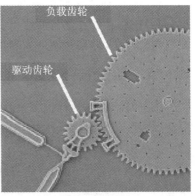

(a) 结构总图　　　　　　　　　　　　(b) A处局部放大图

图 5.12　齿轮副摩擦特性测试机构的 SEM 图(Sandia)

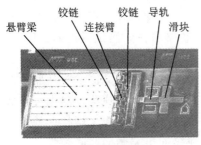

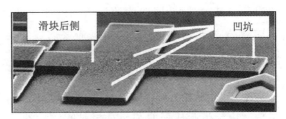

(a) 测试机构总体图　　　　　　　　　　(b) 摩擦副的SEM图

图 5.13　压电驱动片上微摩擦学测试机构的 SEM 图

擦学测试机构的 SEM 图。制作过程中,首先在基片上制作出一系列平行排列的悬臂梁,悬臂梁的一端固定,另一端与铰链连接,铰链的另一端与一滑块机构连接(见图 5.13(b))。由于滑块机构比较长,为防止其由于重力作用在竖直方向下垂而影响测试效果,故在滑块上制作了四个突起,起支撑作用。滑块侧面与其旁边呈三角形的静态锚点组成了一个摩擦副,如图 5.13(b)所示。然后,利用 MEMS 工艺在悬臂梁的上表面镀一层金,与下面的多晶硅材料组成双电层。测试过程中,首先在悬臂梁上施加一驱动电压,由于通电后金膜与多晶硅的收缩量不同,悬臂梁产生卷曲,带动与其相连接的铰链机构运动。然后,通过铰链机构及滑块导向机构把悬臂梁的弯曲运动转变成滑块的直线运动,从而产生微摩擦学测试所需要的往复运动。测试结果显示,该驱动器的位移可达到 $10\ \mu m$。Steven T. Patton 等人利用化学气相沉积的方法在摩擦副表面制作了一层类金刚石膜(Diamond Like Carbon,DLC),然后在空气和真空两种情况下对原始的摩擦副以及制作 DLC 膜的摩擦副的磨损特性进行测试。结果发现,在空气中具有 DLC 膜的机构运行寿命是未制作 DLC 膜的 16 倍,而在真空中测试时前者的使用寿命是后者的 300 倍。同时,该研究小组还在空气湿度为

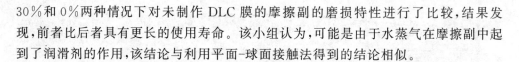

30%和0%两种情况下对未制作DLC膜的摩擦副的磨损特性进行了比较,结果发现,前者比后者具有更长的使用寿命。该小组认为,可能是由于水蒸气在摩擦副中起到了润滑剂的作用,该结论与利用平面-球面接触法得到的结论相似。

5.2.3 一种片上微摩擦学测试结构的设计

本小节将介绍一种基于单晶硅材料的片上微摩擦学测试机构。该设计以静电梳齿驱动器为驱动源,其中一个作为加载单元,另一个通过往复运动提供微摩擦学测试需要的摩擦力。在详细介绍其工作原理的基础上对其相关参数进行计算。另外,为保证设计的可靠性,利用有限元软件Ansys对一些重要参数的理论计算结果进行了仿真。

1. 结构及工作原理

该微摩擦学测试机构工作原理简图如图5.14所示,测试装置的主要组成部分为两个相互垂直的梳齿驱动器:驱动器A和驱动器B。每个驱动器均以中间横梁为轴线对称。其中,驱动器B为测试机构的加载单元,提供微摩擦学测试需要的正压力;驱动器A为驱动单元,提供测试需要的往复运动。每个梳齿驱动器的可动部分由6根悬臂梁支撑,悬臂梁通过其两端锚点与基底连接。对称悬臂保证了驱动器沿对称轴线的方向运动,起到了很好的导向作用。两个梳齿驱动器的横梁伸出端可组成一对摩擦副(见图5.14(b)),其中驱动器B的伸出端为一个顶端为半圆柱形的十字机构。由于半圆柱表面和与其相对的驱动器A的横梁伸出端侧面的间隙为 3 μm,故称为分离式微摩擦学测试机构。为方便测试结果的处理,在两个伸出端的交叉处设置一个固定的矩形位移参考块D。测试过程中,首先在驱动器B上施加一直流电压,使其伸出端压紧驱动器A的伸出端侧面,形成一对接触副。接触压力大小可通过测量驱动器A的伸出端在竖直方向上与D的相对位移计算。然后,通过在驱动器A上施加一直流驱动电压或具有一定偏置的交流电压,使驱动器A的侧面相对于驱动器B的伸出端产生往复运动,运动过程中摩擦力数值可通过十字机构相对于参考块D在水平方向的相对位移计算得到,同时可得到两者的比值。可见,该测试系统将被测试件、加载机构、驱动机构以及力传感器集成在一个芯片上,这不但能够很好地反映微机电器件摩擦副表面的真实接触情况,而且可以方便得到所需要的测试数据。

2. 相关理论计算

对基于单晶硅材料的片上微摩擦学测试机构的计算主要包括结构的刚度计算、驱动器谐振频率的计算、临界驱动电压、摩擦力以及正压力的计算等。另外,利用有限元软件对一些重要参数的计算结果进行了验证。

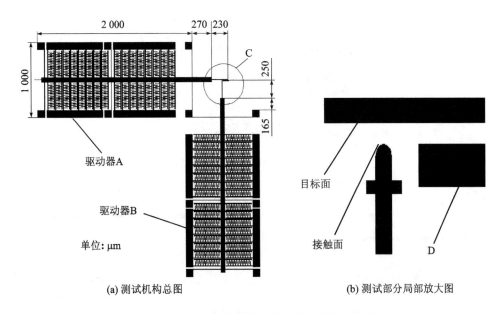

(a) 测试机构总图　　　　　　　　　(b) 测试部分局部放大图

图 5.14　分离式微摩擦学测试机构工作原理简图

（1）梳齿驱动器刚度计算及其模拟

1）驱动器刚度的计算

梳齿驱动器是片上微摩擦学测试机构的动力源，同时也是系统最重要的组成部分之一。驱动器的一些机械特性如刚度的大小等，会对测试结果产生最直接的影响，因此有必要对单个驱动器的刚度进行计算。单个梳齿驱动器刚度的计算模型如图 5.15 所示。由于该驱动器中起支撑作用的三对悬臂是完全一样的对称结构，故可取一对悬臂进行计算，驱动器的总刚度是该计算结果的三倍。一对悬臂刚度的简单计算模型如图 5.16 所示，计算中设单根悬臂的长为 l，施加在中间横梁的驱动力为 F。把 C 受到的作用力解耦后的受力图如图 5.17 所示，由图可以看出，C 点受到 x、y 方向上的集中力 F_x、F_y 及力偶 M_C 的作用。计算的边界条件是，施加驱动力 F 后 C 点在 x、y 方向上的位移为零。于是，利用莫尔积分法，在 C 点施加一竖直向下的单位力，得到 C 点在竖直方向上的位移为

$$\delta_y = \frac{1}{EI}\int_0^l (F_y \cdot x - M_C)x\,\mathrm{d}x + \frac{1}{EI}\int_0^l \left[F_y l - M_C + (F_y - F)x\right](l+x)\,\mathrm{d}x = 0$$

$$(5.1)$$

式中：E、I、l 分别表示单晶硅材料的弹性模量、悬臂梁沿弯曲方向的惯性矩以及单个旋臂的长度。对式（5.1）简化得

$$16F_y l = 12M_C + 5Fl \qquad\qquad (5.2)$$

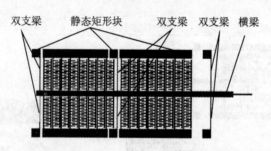

图 5.15　单个梳齿驱动器刚度的计算模型

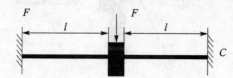

图 5.16　一对悬臂刚度的简单计算模型

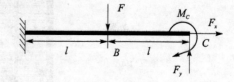

图 5.17　解耦后的结构计算简图

同理,以施加驱动力 F 后悬臂在 C 点的转角为零作为计算的另一个边界条件,在 C 点施加一单位力矩,利用莫尔积分法得到 C 点的转角公式为

$$\theta_C = \frac{1}{EI}\int_0^l (F_y \cdot x - M_C)\,\mathrm{d}x + \frac{1}{EI}\int_0^l [F_y l - M_C + (F_y - F)x]\,\mathrm{d}x = 0$$

$$(5.3)$$

将式(5.3)简化得

$$4F_y l = 4M_C + Fl \tag{5.4}$$

将式(5.2)和式(5.4)联立得 F_y、M_C 与驱动力 F 的关系,即

$$F_y = \frac{F}{2} \tag{5.5}$$

$$M_C = \frac{Fl}{4} \tag{5.6}$$

于是,在 B 点施加向下的单位力,利用莫尔积分法计算得到该点在力 F 的作用下产生的位移为

$$\delta_B = -\frac{1}{EI}\int_0^l [F_y l - M_C + (F_y - N)x] \cdot x\,\mathrm{d}x = \frac{Fl^3}{24EI} \tag{5.7}$$

对应的悬臂沿运动方向的刚度可表示为

$$k_s = \frac{F}{\delta_B} = \frac{24EI}{l^3} \tag{5.8}$$

由于该梳齿驱动器是由三对对称的悬臂支撑的,因此,其在运动方向上的总刚度为

$$k = 3k_s = \frac{3F}{\delta_B} = \frac{72EI}{l^3} \tag{5.9}$$

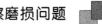

依据上述公式,得到的理论设计结果为 $71\ \mu N/\mu m$。

2)临界驱动电压的计算

临界驱动电压是指能够使摩擦副产生接触而需要在梳齿驱动器 B 上施加的最小驱动电压。该参数是衡量分离式微摩擦学测试机构性能的重要指标之一。临界驱动电压的大小与摩擦副的初始间隙直接相关。初始间隙越小,临界驱动电压就越低,测试机构的性能就越好。但是,如果设计过程中初始间隙过小,则会导致工艺上的制作困难,增加制作成本。初始间隙过大,会导致所需要的临界驱动电压过大而击穿硅片,使驱动器失效。因此,推导出摩擦副间隙与临界驱动电压的关系,进而找到合适的临界驱动电压,为测试机构的设计提供理论基础是非常必要的。

依据平板电容理论,忽略边缘效应,在梳齿驱动器上施加一驱动电压后,梳齿沿运动方向的静电力 F_{static} 与驱动电压 u 之间的关系可表示为[58]

$$F_{static} = \frac{n\varepsilon t u^2}{g} \quad (5.10)$$

式中:n 为梳齿对数;ε 为空气的介电常数;t 为梳齿高度;g 是梳齿间隙。

此时,静电力为克服悬臂梁的弯曲变形而产生的回复力沿着轴线方向产生一个位移 δ,依据弹性梁理论,该位移与静电力的关系可表示为

$$F_{static} = k\delta \quad (5.11)$$

式中:k 为驱动器沿运动方向的刚度,其大小可由式(5.9)计算得到。

设摩擦副初始间隙的设计值为 δ_{design}。欲使摩擦副产生接触,则驱动器可动部分沿轴线方向至少应产生 δ_{design} 的位移,把式(5.9)~式(5.11)联立,得到使摩擦副产生接触所需要的最小驱动电压(临界驱动电压)为

$$u_{critcal} = \sqrt{\frac{72EIg\delta_{design}}{n\varepsilon h l^3}} \quad (5.12)$$

3)驱动电压-正压力关系的计算

摩擦副产生接触后,继续增加驱动电压,静电力不但要克服由于梳齿驱动器 B 的 6 根悬臂弯曲变形产生的回复力 F_1 的作用,还要克服由于驱动器 A 悬臂伸出端由于变形而产生的正压力 N 的作用,其关系式为

$$F_{static} = F_1 + N \quad (5.13)$$

其中 F_1 的大小可通过式(5.9)得到,而 N 可通过计算驱动器 A 悬臂伸出端在竖直方向上的相对位移进行计算,依据弹性梁理论,其表达式为

$$N = \frac{3EI_2\delta_2}{l_2^3} = k_{arm}\delta_2 \quad (5.14)$$

式中:k_{arm} 为驱动器 A 悬臂伸出端在弯曲方向上的刚度;I_2 为驱动器 A 悬臂伸出端沿弯曲方向的惯性矩;l_2 为驱动器 A 悬臂伸出端的长度。

摩擦副接触后驱动器 B 悬臂在竖直方向的位移 δ_1 与驱动器 A 悬臂伸出端在竖直方向上的位移 δ_2 的关系可表示为

$$\delta_1 = \delta_2 + 3 \tag{5.15}$$

将上述几个公式联立得到正压力 N 与驱动电压 u 的关系为

$$N = k_{arm} \frac{c_1 u^2 - 3k}{k + k_{arm}} \tag{5.16}$$

式中：c_1 为与测试机构尺寸有关的参数。

（2）梳齿驱动器的模态分析及其仿真

在对分离式微摩擦学测试机构进行动态摩擦系数或磨损测试过程中，为达到较理想的测试效果，往往需要摩擦副间具有较大的相对位移。这可以通过使驱动器 A 工作在谐振状态下来实现。而梳齿驱动器工作在谐振状态的方法是使驱动电源的输入频率与驱动器的谐振频率一致，因此，有必要对驱动器 A 进行模态分析，从而得到驱动电源的最佳输入频率。驱动器模型如图 5.15 所示，模态分析可从理论计算和有限元模拟两方面进行。

谐振频率的理论推导如下：

驱动器谐振频率可通过常用的谐振频率计算公式得到，其表达式为

$$f = \frac{1}{2\pi} \sqrt{\frac{k}{m_{eq}}} \tag{5.17}$$

式中：k 为梳齿在轴线方向上的刚度；m_{eq} 为驱动器等效质量。

式（5.17）中驱动器沿对称轴方向的刚度 k 可利用式（5.9）计算得到。等效质量 m_{eq} 的计算利用了能量守恒法，即认为等效前后系统的总动能相等，其表达式为

$$\frac{1}{2} m_{eq} v_{eq}^2 = \frac{1}{2} m_{rigid} v_{rigid}^2 + \sum_{i=1}^{n} \frac{1}{2} m_i v_i^2 \tag{5.18}$$

式（5.18）的左边表示等效后系统的总动能，右边第一项表示等效前系统刚性部分（包括运动梳齿、梳齿之间的联结以及中间横梁）的动能和，第二项表示系统柔性部分（6 根悬臂梁）能量之和。由于驱动器以中间横梁为对称线对称，故可认为驱动器的质心在其对称线上。因此，令 $v_{eq} = v_{rigid} = v$，则式（5.18）可变为

$$\frac{1}{2} m_{eq} v^2 = \frac{1}{2} m_{rigid} v^2 + \frac{1}{2} \sum_{i=1}^{n} m_i v_i^2 \tag{5.19}$$

对于驱动器刚性部分来说，其各个质点运动速度等于质心运动速度，能量之和容易计算。而对于第二项的柔性结构来说，由于各点的运动速度不同，不能直接进行计算，所以可将该梁细分成无数速度不同的质点，利用积分的方法进行计算。由于 3 对悬臂受力以后的运动情况完全相同，因此可选取一对悬臂来计算，其简化模型如图 5.18 所示。利用积分方法得到其动能为

$$e_{beam} = \frac{1}{2} \sum_{i=1}^{n} m_i v_i^2 = \frac{13}{70} m_{beam} v^2 \tag{5.20}$$

式中：m_{beam} 为单个悬臂梁的静态质量。

由于悬臂梁为 3 对，于是总动能为

$$e = 6e_{\text{beam}} = \frac{39}{35} m_{\text{beam}} v^2 \tag{5.21}$$

将式(5.21)代入式(5.19)得驱动器等效质量为

$$m_{\text{eq}} = m_{\text{rigid}} + \frac{78}{35} m_{\text{beam}} \tag{5.22}$$

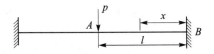

图 5.18　悬臂结构简化模型

依据给定的该驱动器设计参数,把式(5.22)及式(5.9)代入式(5.17)得该驱动器的谐振频率约为 5 500 Hz。

(3) 测试过程中摩擦副间摩擦力及正压力的计算

由于测试过程中,摩擦副间摩擦力及正压力是通过测试梳齿驱动器悬臂伸出端在水平及竖直方向相对于静态矩形锚点的位移后,利用公式计算得到的,因此有必要对摩擦力及正压力与杆件在水平及竖直方向位移的关系进行推导。

1) 测试过程中摩擦力的计算

在对分离式微摩擦学测试机构摩擦副进行静态或动态摩擦测试过程中,摩擦力的大小可通过驱动器 B 横梁伸出端端点(B 点)相对于静态参考块在水平方向的相对位移计算得到,计算模型如图 5.19 所示。计算过程中可假设在摩擦力作用下,驱动器 B 只是在悬臂伸出端(B 点)产生了水平位移,而由于驱动器 B 悬臂在水平方向上的刚度远远大于驱动器 B 悬臂伸出端的刚度,驱动器 B 横梁伸出端的根部(A 点)在水平方向上不产生位移。于是,利用弹性梁理论,可得到测试过程中摩擦力 F_f 与 B 点在水平方向上的位移 δ_{h} 的关系,即

$$F_f = \frac{3EI_B \delta_{\text{h}}}{l_{\text{h}}^3} = k_{\text{h}} \delta_{\text{h}} \tag{5.23}$$

式中:k_{h} 为驱动器 B 横梁伸出端在弯曲方向上的刚度,$k_{\text{h}} = \dfrac{3EI_B}{l_{\text{h}}^3}$,其中,$I_B$ 为驱动器 B 悬臂伸出端的惯性矩。

通过对测试过程中位移数据(图像处理法)的读取,很容易得到摩擦力的大小。

2) 测试过程中正压力的计算

当在驱动器 B 上施加一直流驱动电压使摩擦副产生接触后,正压力的计算同样可以利用驱动器 A 伸出端端点 B 在竖直方向的位移得到,其计算过程与摩擦力的计算过程完全相似,正压力 $N_{\text{测试}}$ 与 B 点在竖直方向上的相对位移 δ_{v} 的关系可表示为

$$N_{\text{测试}} = \frac{3EI_A \delta_{\text{h}}}{l_{\text{v}}^3} = k_{\text{v}} \delta_{\text{v}} \tag{5.24}$$

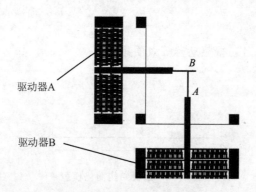

图 5.19　测试结果计算模型

3. 结构制作工艺分析

在对片上微摩擦学测试机构进行摩擦学测试过程中,芯片的制作质量对测试结果具有较大的影响。因此,选择一个理想的工艺流程是十分必要的。这里在详细介绍该测试机构制作工艺流程的基础上,对各个工艺流程的优化选取过程及其制作原理进行了详细介绍。

制作工艺过程简述

片上微摩擦学测试机构的制作是在超净间内完成的,制作工艺过程主要采用了 MEMS 体硅工艺、剥离工艺和键合技术。在制作前利用 L-edit 软件制作的两种测试机构掩膜版版图如图 5.20 所示,利用 MEMS 工艺集成度高、易于批量化生产的特点,把两种测试结构放在同一块掩膜版上同时制作,既节省了制作时间,又减少了制作成本。

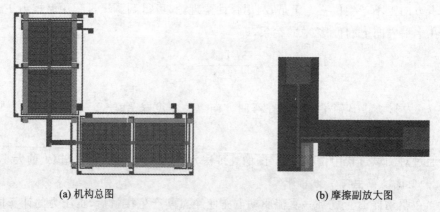

(a) 机构总图　　　　　　　　　　　　　　　　(b) 摩擦副放大图

图 5.20　分离式微摩擦学测试机构掩膜版版图

由图 5.20 可以看出,测试结构在制作过程中共采用了 3 块掩膜版(各掩膜版的具体情况见表 5.1),其中,第一块用于制作测试结构的固定部分(同时也是键合区域);第二块用于制作驱动器及测试部分(测试结构可动部分);第三块用于制作电极。

具体制作过程如图 5.21 所示。首先,选用厚 400 μm,<100>晶向 n 型 4 英寸硅片和 4 英寸硼硅酸耐热玻璃片作为测试机构制作的基片。基片处理完成后,利用 KOH 溶液对该单晶硅进行腐蚀,得到深约 4 μm 的浅槽,形成驱动器的支撑岛和驱动端,即与玻璃的键合区域,如图 5.21(b)所示。然后通过在硅片上掺杂硼来增加结构的导电性,如图 5.21 (c)所示。硼的渗透完成后,利用 KOH 溶液对玻璃进行腐蚀,形成深约 120 nm 的浅槽。浅槽形成后,利用溅射工艺在其表面形成厚度约 100 nm 的 Ti/Pt/Au 薄膜(见图 5.21(e)),然后通过剥离工艺形成金属电极,如图 5.21 (f)所示。接下来,利用键合工艺把硅片和玻璃结合在一起,如图 5.21 (g)所示。由于设计过程中硅片的实际厚度远大于设计值,因此,利用 KOH 溶液对该机构进行了减薄,减薄完毕的图形如图 5.21 (h)所示。接着对玻璃划片并在硅上表面溅射一层 500 nm 厚的 Al 膜作掩膜后,利用 ICP 刻蚀硅片,得到最终的测试机构,如图 5.21 (i)所示。最后,把整个管芯引线封装到一个管壳上完成整个的制作过程。

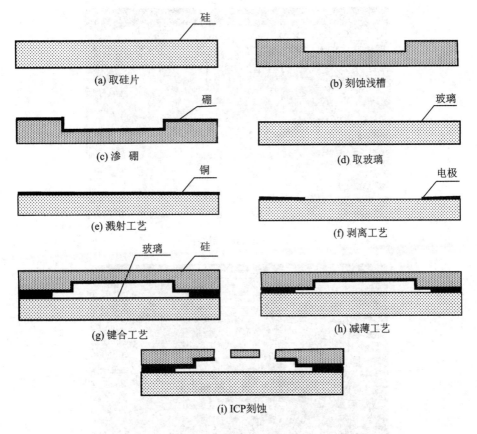

图 5.21　分离式微摩擦学测试机构制作工艺流程

表 5.1　掩膜版类型及其功能表

序　号	名　称	类　型	最小线宽/μm	最小间距/μm	功　能
1#	Anchor	正版	20	50	保留键合区域,其余刻蚀掉
2#	ICP	正版	4	2	保留梳齿等结构,其余刻蚀掉
3#	Metal	负版	10	10	刻出金属电极

图 5.22 所示是封装工艺完成后在显微镜下看到的测试机构引脚接线图,由图可以看出,制作完毕的基底电极没有脱落及翘曲的情况发生,说明电极材料与基底玻璃的结合是比较紧密的,进而说明该制作工艺的正确性。图 5.23 所示是扫描电镜下梳齿的局部放大图(放大倍数为 1 186 倍),由图可以看出,梳齿表面的平整度及陡直度都比较好,梳齿没有变形以及粘连情况发生。图 5.24 所示是制作完毕的这两种测试机构在扫描电镜下的图片,由图可以看出,测试机构的制作效果是比较理想的。

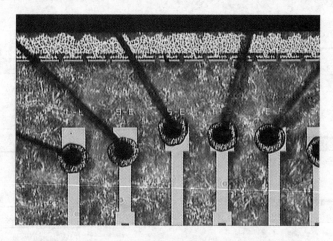

图 5.22　引脚封装图

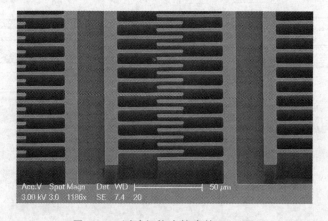

图 5.23　测试机构中梳齿的 SEM 图

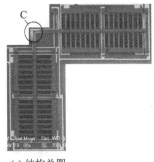
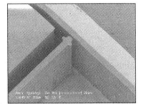

(a) 结构总图　　　　　　　　　　(b) 测试部分放大图

图 5.24　分离式微摩擦学测试机构的 SEM 图

4. 测试结果及数据分析

(1) 表面形貌的 AFM 测量及数据处理

在微机电系统中,由于尺度效应,摩擦副的表面形貌对其摩擦学特性有着较大的影响,不同的表面形貌及测量条件(如测试温度、空气湿度等)会产生完全不同的测试结果。因此,在对结构进行摩擦学测试前利用 AFM 对其摩擦副上表面及侧面的形貌进行了测试,测试过程中针尖扫描范围为 $5\ \mu m \times 5\ \mu m$,针尖沿 x、y 方向采集的数据点的个数都是 256,共得到采集数据 65 536 个。测试结果如图 5.25 和图 5.26 所示。利用 AFM 自带的处理软件,可以得到每一个测试点所在位置的坐标以及与该坐标对应的高度值。利用 MATLAB 软件,通过对采集点高度数值的处理,可知其上表面的形貌高度的最大值与最小值的差值大约为 40 nm,而其侧面摩擦副表面形貌的最大值与最小值的差值大约为 100 nm,说明加工出的测试机构的侧面与上表面形貌具有较大的差异,进一步说明进行侧面摩擦副摩擦学特性研究的必要性。利用 AFM 提供的专用数据处理软件及 MATLAB 软件,对侧面摩擦副的一些形貌参数进行了计算。

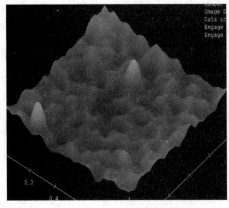
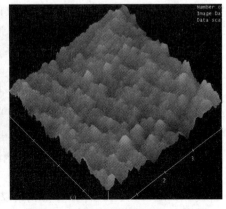

图 5.25　摩擦副上表面形貌的 AFM 图　　　　图 5.26　摩擦副侧面形貌的 AFM 图

1）表面峰谷距的计算

表面峰谷距是指在测量范围内最高峰与最低谷之间的高度差。它能够比较有效地表示表面粗糙度的最大起伏量，其表达式为

$$R_{max} = R_h - R_l \tag{5.25}$$

其中 R_h 和 R_l 是利用 MATLAB 软件处理得到的，其算法就是读取每一个点的高度数值后，利用排序的方法，找出其最大及最小数值，然后通过做差的方法得到 R_{max}。程序运行得到的结果为：R_h 为 55.7 nm；R_l 为 -48.8 nm，因此可知其峰谷距为 104.5 nm，说明利用 MEMS 工艺制作的该摩擦副的表面是比较粗糙的。

2）中心向平均粗糙度 S_a 和均方根粗糙度 S_q

这两个参数是描述三维表面形貌高度最常用的参数，其表达式如下：

$$S_a = \frac{1}{l_x l_y} \int_0^{l_x} \int_0^{l_y} |z(x,y)| \, dx \, dy \approx \frac{1}{MN} \sum_{i=1}^{M} \sum_{j=1}^{N} |z(x_i, y_j)| \tag{5.26}$$

$$S_q = \sqrt{\frac{1}{l_x l_y} \int_0^{l_x} \int_0^{l_y} z^2(x,y) \, dx \, dy} \approx \sqrt{\frac{1}{MN} \sum_{i=1}^{M} \sum_{j=1}^{N} z^2(x_i, y_j)} \tag{5.27}$$

式中：l_x 和 l_y 分别为 AFM 针尖在 x、y 两个方向上的扫描长度，单位为 μm；M、N 分别为 x、y 两个方向上采样点的个数。

在采样面积为 5 $\mu m \times$ 5 μm，两个方向上的采样个数各为 256 的条件下，利用 MATLAB 软件对各点的形貌处理后，得到的中心向平均粗糙度 S_a 为 10.6 nm，均方根粗糙度 S_q 为 13.4 nm。

3）表面峰个数及其密度的计算

摩擦副表面峰值的大小及其分布密度是衡量其表面形貌的另一个重要参数，这里表面峰值的判断方法与图像处理中八点法类似，不同之处在于，该算法中坐标点所对应的测试数据是该点形貌的高度而不是像素的灰度值。程序的处理方法仍然是在所采集的点中任取一点 $z(i,j)$，然后在其周围取 8 个点（见图 5.27）并读取各点对应的高度数值，如果该坐标所对应的高度数值大于其他的 8 个点，则认为该点为波峰。于是，利用计算机软件便可以把该点的高度数值记录下来并存储在一个矩阵中。

表面峰密度是指在单位采样面积上的波峰个数。一般来讲，波峰密度越大，接触面积就越大，接触峰承受的应力就越小，其表达式为

$$S_{ds} = \frac{波峰个数}{(M-1)(N-1)\Delta x \Delta y} \tag{5.28}$$

利用 MATLAB 软件，可得到在 5 $\mu m \times$ 5 μm 的测量范围内，波峰的个数为 1 142 个，进而得到波峰密度为 $4.568\ 0 \times 10^{13}$ 个$/m^2$。

4）粗糙峰峰高平均值及标准偏差

在利用 MATLAB 软件计算得到粗糙峰个数的同时，软件也记录了各个粗糙峰的高度 h_i，根据粗糙峰的平均值表达式

$Z(i-1,j+1)$	$Z(i,j+1)$	$Z(i+1,j+1)$
$Z(i-1,j)$	$Z(i,j)$	$Z(i+1,j)$
$Z(i-1,j-1)$	$Z(i,j-1)$	$Z(i+1,j-1)$

图 5.27　表面峰的寻找方法

$$\bar{h} = \frac{\sum_{i=1}^{n} h_i}{n} \tag{5.29}$$

及其标准偏差表达式

$$\sigma = \sqrt{\frac{\sum_{i=1}^{n} (h_i - \bar{h})^2}{n}} \tag{5.30}$$

可得到波峰平均值为 8.5 nm,而其标准偏差为 12 nm,说明起伏较大。其中,n 表示粗糙峰的个数。

5）表面峰顶曲率算术平均值 S_{SC}

采样面积上表面峰顶曲率算术平均值可表示为

$$S_{SC} = -\frac{1}{2} \frac{1}{n} \sum_{k=1}^{n} \left[\frac{\partial z^2(x,y)}{\partial x^2} + \frac{\partial z^2(x,y)}{\partial y^2} \right] \tag{5.31}$$

其中,n 是波峰个数。对于实测结果,峰顶曲率的数值可用三点法计算:

$$S_{SC} = -\frac{1}{2} \frac{1}{n} \sum_{k=1}^{n} \left[\frac{z(x_{p+1},y_q) + z(x_{p-1},y_q) - 2z(x_p,y_q)}{\Delta x^2} + \right.$$
$$\left. \frac{z(x_{p+1},y_q) + z(x_{p-1},y_q) - 2z(x_p,y_q)}{\Delta x^2} \right] \tag{5.32}$$

同样,利用 MATLAB 软件可得表面峰顶曲率的算术平均值为 78 nm。

（2）测试机构的摩擦学特性测试

1）测试原理

片上微摩擦学测试机构测试原理图如图 5.28 所示,实物图如图 5.29 所示。摩擦副的摩擦学特性测试是在超净间(千级,温度为室温 23 ℃,空气湿度为 21%)内完成的,整个实验系统由驱动电源、处理电路、摩擦学测试机构、光学显微镜(物镜放大倍数为 100 倍)、CCD 及与其相连的计算机组成。测试时电源分两路:一路向竖直放置的驱动器施加一直流电压,使驱动器沿横梁在竖直方向上产生位移,提供摩擦学测试需要的正压力;另一路向水平放置的驱动器用手动的方式提供一系列逐渐递增的直流电压(静态摩擦系数测试过程)或者一具有一定偏置的正弦波电压(动态摩擦系数测试或者磨损测试过程)。测试过程中,摩擦副的运动状况通过光学显微镜放大经CCD 采集后,通过数据采集卡把图像数据传送到计算机,再通过专用计算机软件处理,得到所需要的图像。然后,利用 MATLAB 软件对采集的图像进行处理,得到所需要的摩擦学数据。实验前用已知尺寸的光栅对显微镜 CCD 像素进行了标定,如图 5.30 所示,得到显微镜的物镜为 100 倍率时图像位移分辨率为 10.2 pixels/μm。因此,测试过程中位移分辨率为 0.1 μm。

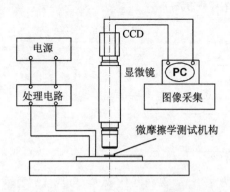

图 5.28　片上微摩擦学测试机构测试原理图

图 5.29　测试设备实物图

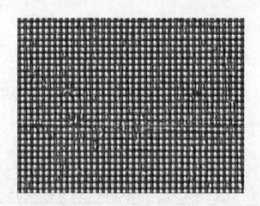

图 5.30　光栅在显微镜 100× 的图像

2) 梳齿驱动器谐振频率测试

在对摩擦副动态摩擦系数及磨损状况进行测试的过程中,为收到较理想的测试效果,往往需要电源输入的偏置正弦波频率接近于驱动器的谐振频率,进而使驱动器能够工作在谐振状态。因此,在进行摩擦学特性测试之前对单个梳齿驱动器的谐振频率进行了测试,测试过程中偏置电压的偏置量以及正弦波电压的峰峰值都为17 V,即 $u_A = 17 + 17\sin \omega t$。然后,在驱动电压数值不变的基础上,逐渐提高施加在驱动器上的电压的频率,通过计算每一个输入频率所对应的位移,得到输入频率-位移关系曲线,如图 5.31 所示。由图可知,随着驱动电压频率的提高,驱动器可动部分的位移同时逐渐增加,当输入频率达到大约 5 700 Hz 时,位移达到最大值。继续提高输入频率,驱动器位移突然减小,说明 5 700 Hz 就是该驱动器的谐振频率,该结果与理论计算得到的数值 5 590 Hz 非常接近。

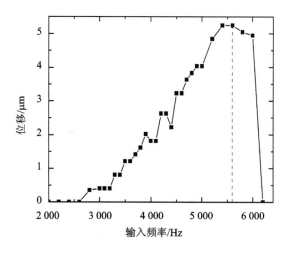

图 5.31　输入频率-位移关系曲线

3) 静态摩擦系数测试

摩擦副间的静态摩擦系数测试是通过在竖直放置的驱动器上施加一恒定直流电压后,在水平驱动器 A 上施加一系列逐渐递增的直流电压得到的。测试过程中,摩擦副在光学显微镜下的状况如图 5.32 所示,测试过程中施加在竖直驱动器 B 上的直流驱动电压为 40 V(测试得到的驱动器临界接触电压为 30 V),对应的接触压力的大小可通过测量驱动器 A 横梁伸出端在竖直方向上的位移,利用式(5.24)得到。摩擦副接触后,在水平驱动器 A 上施加一系列逐渐递增的直流电压(范围为 0~60 V),通过观察每一个驱动电压对应的摩擦副之间的相对位移来对其静态摩擦学特性进行研究。

图 5.32　摩擦副在光学显微镜下的状况

图 5.33 所示为通过测试得到的随着驱动电压的增加,竖直杆件端部接触部分在水平方向上位移的变化过程。由图可以看出,随着驱动电压的增加,竖直杆在水平方向的位移逐渐增加,变形能逐渐加大。与杆件变形对应的摩擦力可通过测试竖直杆端部在水平方向的位移,利用相关公式计算得到。可见,随着杆件变形能的增加,摩擦副

之间的静摩擦力也逐渐加大。当杆件变形产生的回复力大于摩擦副所能提供的最大静摩擦力时,竖直杆件会产生一回弹。随后,逐渐增加驱动电压,杆件变形继续随之加大。当杆件变形产生的回复力再次大于摩擦副之间的静摩擦力时,再次发生回弹。因此,竖直杆件端部发生回弹的瞬间所对应的静摩擦力就是摩擦副能提供的最大静摩擦力,对应的摩擦力与正压力的比值 0.9 就是与正压力对应的摩擦副间的静态摩擦系数。

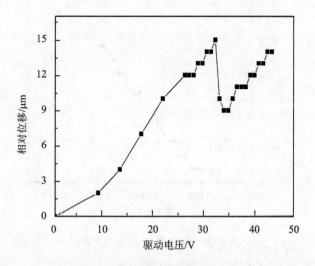

图 5.33　静态摩擦系数测试曲线

4）动态摩擦系数测试

摩擦副间的动态摩擦系数测试是在驱动器 B 上施加正压力后,通过在驱动器 A 上施加一具有直流偏置的正弦波电压来实现的。测试过程中输入的正弦波频率等于驱动器的谐振频率,约 5 500 Hz。正弦波的幅值以及直流偏置电压都是 20 V,驱动器在谐振情况下摩擦副接触情况如图 5.34 所示。同样,测试过程中动态摩擦力的大小可通过测试其竖直杆件端部在水平方向的相对位移得到,而对应的正压力的大小可以通过测试水平杆件与竖直杆件接触部分在竖直方向的位移得到。表 5.2 列出了在竖直驱动器上施加 35 V、40 V、50 V 和 60 V 四种驱动电压后得到的测试结果。

表 5.2　微摩擦学测试相关数据

驱动电压/V	正压力/μN	摩擦力/μN	动态摩擦系数
0	0	0	—
35	76.83	18.1	0.24
40	128.05	42.2	0.33
50	204.88	72.4	0.35
60	307.32	78.4	0.26

图 5.34　动态摩擦系数测试图

　　按照传统摩擦学理论,摩擦力的大小与施加在摩擦副上的正压力成正比,其关系可表示为

$$f = \mu N \tag{5.33}$$

式中:μ 为摩擦系数,是一个常数。

　　由表 5.2 及图 5.33 可看出,在不同正压力的作用下,摩擦副间的动态摩擦系数已不再是一个恒定不变的数值,它随着施加在摩擦副上正压力的变化而变化,可见,该测试结果与传统的摩擦学定律是矛盾的。

　　5)测试结果的初步解释

　　依照赫兹接触理论,如图 5.35 所示,当两个圆柱在正压力 W 作用下产生接触时,接触区半带宽宽度 b 可表示为

$$b = \left(\frac{4}{\pi} \; \frac{WR}{lE'} \right)^{\frac{1}{2}} \tag{5.34}$$

式中:l 为接触区的长度;R 和 E' 分别为当量半径及当量弹性模量,可分别表示为 $\dfrac{1}{R} = \dfrac{1}{R_1} + \dfrac{1}{R_2}$,$\dfrac{1}{E'} = \dfrac{1-\mu_1^2}{E_1} + \dfrac{1-\mu_2^2}{E_2}$,其中 E_1 和 E_2 分别表示两种材料的弹性模量,μ_1 和 μ_2 表示两种材料的泊松比。当接触的摩擦副为同一种材料,其中一种为柱体而另一种为平面时(可以认为半径无穷大),上述两式就变为 $\dfrac{1}{R} = \dfrac{2}{R'}$,$\dfrac{1}{E'} = 2 \cdot \dfrac{1-\mu^2}{E}$。

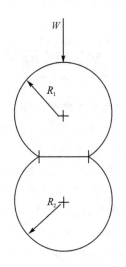

　　于是,在接触面上赫兹接触应力分布公式为

$$p = p_0 \left(1 - \frac{x^2}{b^2} \right)^{\frac{1}{2}}, \quad -b < x < b \tag{5.35}$$

图 5.35　赫兹接触理论模型图

最大赫兹应力为

$$p_0 = \frac{4}{\pi} p_c = \frac{2}{\pi} \frac{W}{bl} \tag{5.36}$$

平均接触应力为

$$p_c = \frac{W}{2bl} \tag{5.37}$$

苏联学者 кратедьскии[59]等人认为,滑动摩擦是克服表面粗糙峰的机械啮合和分子吸引力的过程,因而摩擦力就是机械作用和分子作用阻力的综合,用公式表示为

$$F = \tau_0 S_0 + \tau_m S_m \tag{5.38}$$

式中:S_0、S_m 分别为分子作用和机械作用的面积;τ_0 和 τ_m 分别为单位面积上分子作用和机械作用产生的摩擦力。

式(5.38)还可表示为

$$F = \alpha A + \beta W \tag{5.39}$$

上式被称为摩擦二项式定律。式中:A 为物理作用载荷;W 为法向载荷;α、β 分别为由摩擦表面的物理和机械性质决定的系数。公式两边同时除以正压力 W,得到摩擦系数表达式为

$$f = \frac{\alpha A}{W} + \beta \tag{5.40}$$

由上式可以看出,f 是随着 A/W 变化而变化的一个变量。在宏观条件下,由于分子间作用力相对于其表面形貌的机械作用引起的作用力来说非常小,因此公式中的第一项一般忽略不计,只考虑表面机械作用形成的摩擦系数,而其是一个常数。所以,宏观条件下摩擦学定律符合 Amontons 定律,即认为摩擦力与正压力成正比。而当接触副的尺寸达到微米级甚至更小时,随着尺寸的减小,分子间的作用力增大,其已经成为不可忽略的分量。因此,摩擦系数已不是一个常量,而是随着正压力的变化而变化。

5.3　MEMS 器件中的磨损问题研究及测试

微尺度条件下,MEMS 器件的磨损特性与宏观条件也有较大区别,具体表现为随着表面能的增加,磨损材料的形成与宏观条件也不尽相同。因此,在对摩擦副的动态摩擦系数及静态摩擦系数测试完成后,同样在显微镜下对其磨损状况进行测试。为能够检测磨损前后摩擦副表面成分的变化,测试前利用扫描电镜对摩擦副的成分进行了检测,得到如图 5.36 所示的能谱图,从能谱图中可以看出摩擦副的主要成分是硅,碳和氧的含量比较少,这可能是制作过程中遗留的成分。磨损测试过程中,驱动电源的相关参数及测试得到的一些数据如表 5.3 所列,由表中数据可以看出,测试过程中摩擦副之间的相对位移之和达到了 5 742 m。

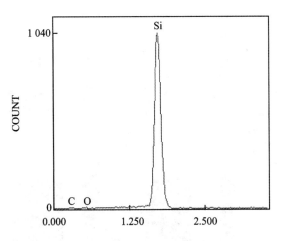

图 5.36　摩擦副成分的能谱图

表 5.3　磨损过程中的一些参数

测试参数	驱动电压频率/Hz	运行时间/h	运行周期	摩擦副相对位移/μm	运行距离/m
数　值	2 900	55	574 200 000	10	5 742

　　为了能够比较准确地对磨损过程进行监测,利用光学显微镜对各测试阶段接触副的形状进行了检测,各测试阶段摩擦副的形状如图 5.37 所示。由图可以看出,在磨损时间达到 33 h 时,摩擦副之间的磨损已经比较严重,而达到 55 h 时,不但摩擦副侧面有较大的磨损,而且其上表面也产生脱落。测试过程中还对各阶段摩擦副之间摩擦系数的变化进行了跟踪,跟踪过程中由于摩擦副之间的磨损是逐渐加大的,因此,为能够使摩擦副始终保持接触,在不同的测试阶段对正压力进行了调整(通过增加施加在驱动器 B 上的驱动电压来实现)。各时间段驱动电压及摩擦系数的变化过程如表 5.4 所列。由表中数据可以看出,随着磨损测试地进行,开始时摩擦系数较大,说明摩擦系数处于磨合状态,而随着磨损试验地进行,摩擦系数逐渐减小,最后达到 0.09,说明摩擦副之间已经处于稳定磨损阶段。磨损完毕后摩擦副侧面及上表面的 SEM 图(放大倍数为 12 000 倍)如图 5.38 所示,由图可以看出,该摩擦副已经遭到了比较严重的磨损,并且在上表面出现了较多的磨粒。同样,在 SEM 下对摩擦副上表面以及侧面的磨粒的形状进行了比较(见图 5.38),由测试图可以发现,磨粒在其表面及侧面聚集成堆,而不是宏观条件下的粉尘颗粒,且均匀分散在其表面。依照参考文献[57]的解释,该现象的形成可能是由于空气中水蒸气的作用导致磨粒表面作用力加大,从而导致磨粒产生粘结而聚集到一起。从测试磨粒的形状还可发现摩擦副侧面磨粒呈现比较密集的块状(见图 5.39(a)),密度比较大,而上表面的磨粒比较疏松(见图 5.39(b))。估计侧面磨粒成颗粒状主要是由于磨损过程中摩擦副反复压缩磨粒所致。同时,在实验完毕后,对摩擦副磨粒的成分在电镜下做了测试,得到

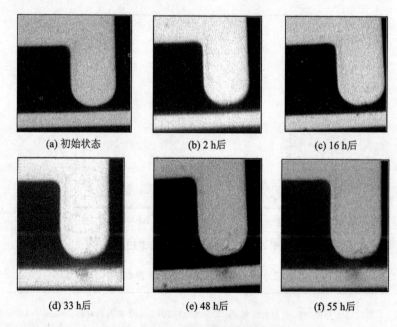

| (a) 初始状态 | (b) 2 h后 | (c) 16 h后 |

| (d) 33 h后 | (e) 48 h后 | (f) 55 h后 |

图 5.37　测试过程中磨损量变化图

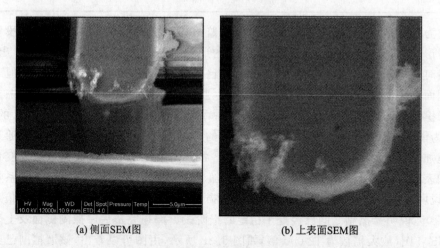

(a) 侧面SEM图　　　　　　　　(b) 上表面SEM图

图 5.38　磨损测试完成后摩擦副的 SEM 图

的成分的能谱如图 5.40 所示。由该能谱图可以看出,磨损测试完成后,摩擦副上氧的含量大大增加,说明磨损测试过程中由于发生了氧化反应而有二氧化硅生成,估计可能是由于摩擦过程中摩擦副之间的高摩擦温度导致材料氧化造成的。可见,磨损过程是一个比较复杂的过程,不但有物理变化发生,其间还夹杂着化学反应。

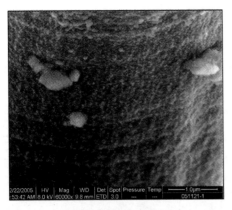
(a) 摩擦副侧面磨粒形状

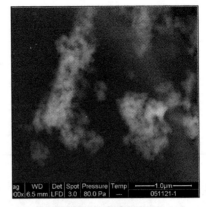
(b) 摩擦副上表面磨粒形状

图 5.39　测面及上表面磨粒形状的比较

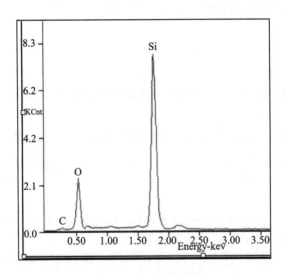

图 5.40　磨粒成分的能谱

表 5.4　动态摩擦系数变化表

正压力/V	空载动态相对距离/μm		加载相对位移/μm	相对位移/μm	摩擦力/μN	动态摩擦系数
开始 （40 V 电压）	0	4.7	4.21	0.49	27.44	0.41
	16 h 后	4.7	4.43	0.27	15.12	0.23
16 h 后 （45 V 电压）	开始前	4.7	4.27	0.43	24.08	0.25
	9 h 后	4.7	4.37	0.33	18.48	0.19
	17 h 后	4.7	4.43	0.27	15.2	0.16

续表 5.4

正压力/V	空载动态相对距离/μm		加载相对位移/μm	相对位移/μm	摩擦力/μN	动态摩擦系数
33 h 后 (48 V 电压)	开始前	4.7	4.27	0.43	24.1	0.18
	8 h 后	4.7	4.3	0.4	22.4	0.17
	17 h 后	4.7	4.5	0.2	11.2	0.09
	22 h 后	4.7	4.5	0.2	11.2	0.09

5.4 小 结

本章详细介绍了 MEMS 摩擦学问题的国内外研究现状、发展趋势,并以实例详细介绍了 MEMS 器件的摩擦学特性测试方法和结果等。

参考文献

[1] 黄新坡,贾建援,王卫东. MEMS 技术及应用新进展[J]. 机械科学与技术,2003,22:21-24.

[2] 张威,张大成,王阳元. MEMS 概况及发展趋势[J]. 微纳电子技术,2002(1):22-27.

[3] Nagel D J. Design of MEMS and Microsystems[J]. Proceedings of the SPIE,1999,3680(1):20-29.

[4] Miroslav H. System of models for MEMS design and realization[J]. WSRAS Transaction on Systems, 2005,4(3):175-184.

[5] Bryzek J. Impact of MEMS technology on society[J]. Sensors and Actuators A,1996,56:1-9.

[6] Varadan V K, Vinoy K J. Application of MEMS in microwave and millimeter wave systems[J]. Proceedings of SPIE,2001,4236:179-187.

[7] Jeremie B. RF MEMS:Status of application roadmap and market forecasts[C]. 34th Euro Pean Microwave Conference, 2004,3:1569-1570.

[8] Fujita Hiroyuki. MEMS/MOEMS application to optical communication[C]. Proceedings of SPIE, 2001,4559:xxi-xxvii.

[9] Beasley M A,Firebaugh S L. MEMS thermal switch for spacecraft thermal control[C]. Proceedings of SPIE,2004,5334:98-105.

[10] Rossi C, Doconto T, Esteve D. Design,fabrication and modelling of MEMS-based microthrusters for space application[J]. Smart Materials and Structures,

2001,10(6):1156-1162.

[11] Safford III, Edward L. MEMS application in tactical aircraft systems[C]. AIAA/IEEE Digital Avionics Systems Conference-Proceedings,1997,1:36-41.

[12] Ong Zhiyang, Al-Sarawi Said. Surgical application of MEMS devices[C]. Proceedings of SPIE, 2005,5649:849-860.

[13] Liu R, Zhou Z Y, Wang X H. The Application of MEMS Microneedles in Biomedicine[C]. Proceedings of the international Symposium on Test and Measurement, 2003,1:57-60.

[14] Kuniyuki K, Hiroyuki F. MEMS application to characterization of field emitters and bio molecules[C]. Proceedings of SPIE, 2004,5455:82-88.

[15] Malti G. Recent development in electroceramics: MEMS applications for energy and environment[J]. Ceramics International, 2004,30(7):1147-1154.

[16] 刘莹,温诗铸.微机电系统中微摩擦特性及控制研究[J]. 机械工程学报,2002,38(3):1-5.

[17] Bushan B. Tribology on the macroscale to nanoscale of microelectromechanical systems materials: A review[C]. Proceedings of the Institution of Mechanical Engineers, Part J. Journal of Engineering Tribology, 2001,215(1):1-18.

[18] Willams J A. Friction and wear of rotating pivots in MEMS and other small scale devices[J]. Wear,2001,251:965-972.

[19] 王庆良,葛世荣.微机电系统(MEMS)纳米摩擦学研究进展[J]. 润滑与密封,2003(3):88-91.

[20] Trimmer W S N, Gabriel K J. Design considerations for a practical electrostatic micro-motor[J]. Sensors and Actuators,1987,11(2):189-206.

[21] Williams J A. Friction and wear of rotating pivots in MEMS and other small scale devices[J]. Wear,2001,251:965-972.

[22] Angel J M F. A comparasion of neural networks to detect failures in micro-electromechanical systems[C]. 2010 IEEE electronics, robotics and automotive mechanics conference,2010,191-196.

[23] Tanner D M, Miller W M, Peterson K A, etc. Frequency dependence of the lifetime of a surface micromachined microengine driving a load[J]. Microelectronics Reliability, 1999,39(3):401-414.

[24] Tanner D M, Smith N F, Bowman D J, et al. First Reliability of a Surface Micromachined Microengine Using ShiMMeR[C]. Proceeding of the SPIE,1997,3224:14-23 .

[25] Tanner D M, Peterson K A, et al. Linkage Design Effect on the Reliability of Surface Micromachined Microengine Driving a Load[C]. Proceedings of the

SPIE,1998,3512:215-226.

[26] Gatzen H H, Beck M. Tribological investigations on micromachined silicon sliders[J]. Tribology international, 2003,36:279-283.

[27] Scherge M, Schaefer J A. Microtribological investigation of stick/slip phenomena using a novel oscillatory friction and adhesion tester[J]. Tbibology letters, 1998,4:37-42

[28] Bhushan B, Member S. Nanotribology and nanomechanics of MEMS devices [C]. Proceedings of the IEEE Micro Electro Mechanical Systems(MEMS), 1996:91-98.

[29] Sundararajan S, Bhushan B. Topography-induced contributions to friction force measured using an atomic force/friction microscope[J]. Journal of Applied Physics, 2000,88(8):4825-4831.

[30] Bhushan B, Liu H W. Nanotribological properties and mechanisms of alkylthiol and biphenyl thiol self-assembled monolayers studied by AFM[J]. Physical Review B,2001,63:245412-1-245412-11.

[31] Bhushan B, Liu H W. Micro/nanoscale tribological and mechanical characterization for MEMS/NMES[C]. Proceedings of SPIE, 5343:194-206.

[32] Schmidt M, Wortmann A, Luthje H, et al. Novel equipment for friction force measurement on MEMS and micro components[C]. Proceedings of SPIE, 2001,4407:158-163.

[33] Gatzen H H, Beck M. Wear of single crystal silicon as a function of surface roughness[J]. Wear,2003,254:907-910.

[34] Bandorf R, Lüthje H, Wortmann A, et al. Influence of substrate material and topography on the tribological behaviour of submicron coatings[J]. Surface and Coatings Technology,2003,174-175:461-464.

[35] Chen Q F, Carman G P. Microscale tribology(friction) measurement and influence of crystal orientation and fabrication process[C]. Proceedings of IEEE: 657-661.

[36] Tas N, Sonnenberg T, Jansen H, et al. Stiction in surface micromachining [J]. Journal of Micromechanics and Microengineering, 1996,6(4):385-397.

[37] Tas N R, Gui C, Melwenspoek. Static Friction in Elastic Adhesive MEMS Contacts, Models and Experiment[C]. Proceedings of the IEEE Micro Electro Mechanical Systems (MEMS), 2000:193-198.

[38] Tas N R, Gui C. Melwenspoek Static friction in elastic adhesion contacts in MEMS[J]. Journal of Adhesion Science and Technology, 2003, 17 (4): 547-561.

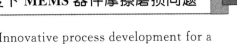

[39] Deladi S, de Boer M J, Krijnen G, et al. Innovative process development for a new micro-tribosensor using surface micromachining[J]. Journal of microme-chanics and microengineering,2003,13:17-22.

[40] Senft C D, Dugger M T. Friction and wear in surface micromachined tribolog-ical test devices[C]. Proceedings of the SPIE,1997,3224:31-38.

[41] Tanner D M, Dugger M T. Wear Mechanisms in a Reliability Methodology [C]. Proceedings of SPIE,2003,4980:22-40.

[42] Dugger M T, Hohlfelder R J, Peebles D E. Degradation of Monolayer Lubri-cants for MEMS[C]. Proceedings of the SPIE,2003,4980:138-150.

[43] Alsem D H, Stach E A, Muhlstein C L, et al. Utilzing on-chip testing and electron microscopy to study fatigue and wear in polysilicon structural films [J]. Materials Research Society,2004,1821:1-6.

[44] Lim M G, Chang J C, Schultz D P, et al. Polysilicon microstructures to char-acterize static friction[C]. Proceedings of the IEEE Micro Electro Mechanical Systems-An Investigation of Micro Structures, Sensors, Actuators, Machines, 1990,82-88.

[45] Komvopoulos K. Surface engineering and microtribology for microelectrome-chanical systems[J]. Wear,1996,200:305-327.

[46] Ashurst W R, Yau C, Carraro C, et al. Alkene based monolayer films as an-ti-stiction coating for polysilicon MEMS[J]. Sensors and actuators A, 2001, 91:239-248.

[47] Lumbantobing A, Komvopoulos K. Static friction in polysilicon surface mi-cromachines[J]. Journal of micrelectromechanical systems. 2005, 14(4): 651-653.

[48] Garcia E J, Sniegowski J J. Surface micromachined microengine[J]. Sensors and Actuators A,1995,48:203-214.

[49] Miller S L, Sniegowski J J, Vigen G L. Friction in surface micromachined mi-croengines[C]. Proceedings of SPIE,1996,2722:197-204.

[50] Eaton W P, Smith N F, Irwin L, et al. Characterization Technique for Sur-face-Micromachined Devices[C]. Proceedings of SPIE,1998,3514:431-437.

[51] Tanner D M, Miller W M, Eaton W P. The effect of frequency on the lifetime of a surface micromachined microengine driving a load[C]. IEEE International Physics Symposium Proceedings,1998:26-35.

[52] Tanner D M, Walraven J A, Irwin L W, et al. The effect of humidity on the reliability of a surface micromachined microengine[C]. Proceedings of the 1999 37th Annual IEEE International Reliability Physics Symposium,1999: 189-197.

[53] Ashurst W R, Yau C, Carraro C, et al. Dichlorodimethylsilane as an Anti-Stiction Monolayer for MEMS: A Comparison to the Octadecyltrichlosilane Self-Assembled Monolayer[J]. Journal of micromechanical system. 2001,10 (1): 41-49.

[54] Hankins M G, Resnick P J, Clews P J, et al. Vapor deposition of Amino-Functionalized self-assembled monolayers on MEMS[C]. Proceedings of SPIE, 2003,4980:238-247.

[55] Patton S T, Cowan W D, Zabinski J S. Performance and Reliablity of a New MEMS Electrostatic Lateral Output Motor[C]. Annual Proceedings-Reliability Physics(Symposium),1999:179-188.

[56] Patton S T, Cowan W D, Eapen K C, et al. Effect of surface chemistry on the tribology performance of a MEMS electrostatic lateral output motor[J]. Tribology Letters,2000,9:3-4.

[57] Smallwood S A, Eapen K C, Patton S T, et al. Performance results of MEMS coated with a conformal DLC[J]. Wear,2005.

[58] Chen Chihchung, Lee Chenkuo. Design and modeling for comb drive actuator with enlarged static displacement[J]. Sensors and Actuators, A: physical, 2004,115(2-3):530-539.

[59] 赫鲁晓夫 M M, 等. 金属的磨损[M]. 胡绍农,等译. 北京:机械工业出版社,1966.

第 **6** 章

典型参数的 MEMS 测试方法

6.1 概　述

　　本章主要以加速度、角速度、压力、微力矩测试、微小力学测试、微形貌测试为背景,以相关测试方法、基础理论及相关 MEMS 测试器件为目标,对各类参数的测试理论、对应测试方法、国内外发展现状等进行了详细介绍,并通过与作者相关的科研成果介绍相结合,进一步增强了对相关理论的理解。

6.2　加速度测试及对应 MEMS 传感器

　　加速度传感器是一种力敏传感器,用于实现对运动载体加速度的测试。1942 年,加速度计首次应用于惯性导航和惯性制导系统。德国科学家裴纳蒙德成功地发射了世界上首枚 V-2 型火箭,并在火箭的纵轴方向安装了一个积分线加速度计,用来控制发动机的熄火[1]。加速度计作为最重要的惯性仪表之一,已成为世界各个国家的重点资助项目。早期典型的加速度传感器有液浮摆式加速度传感器[2]、振弦式加速度传感器[3]和挠性加速度传感器[4]等。随着微/纳米技术的发展,以集成电路工艺和微机械加工工艺为基础的各种新型微加速度计不断出现,其已广泛应用于航空航天和国防领域,并迅速扩展到民用领域[5],如汽车电子[6]、移动电话[7]、游戏机[8]和医学[9]等。

6.2.1　加速度传感器的工作原理及分类

　　硅微机械加速度工作原理拓扑结构图如图 6.1 所示,该传感器主要由弹簧支撑、质量块以及阻尼器组成。当传感器受到 y 方向的加速度作用时,依据牛顿定律,质量块产生的惯性力 F 可表示为

$$F = ma \qquad (6.1)$$

式中：m 为质量块的质量；a 为施加的加速度。

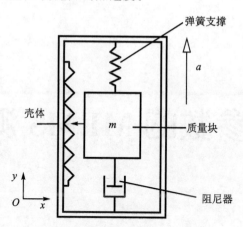

图 6.1　加速度传感器工作原理简图

依据式（6.1），可知加速度与惯性力的关系为

$$a = \frac{F}{m} \qquad (6.2)$$

对于制作完毕的加速度传感器来说，其质量块 m 的数值是固定的。可见，只要测得惯性力 F 的大小，便可以依据上述公式计算得到加速度的数值。而目前，惯性力作用于质量块上可产生两类效应，其中，第一类可引起结构的位移变化。因此，可通过测试变化引起的位移大小，利用相应理论计算，实现对加速度的测试。该类传感器可称为模拟式传感器。依据胡克定律，当力作用于该弹性机构时，相应关系可表示为

$$F = k_{\mathrm{spr}} x \qquad (6.3)$$

把式（6.3）与式（6.2）相结合，得到待测加速度与位移的关系为

$$a = \frac{k_{\mathrm{spr}} x}{m} \qquad (6.4)$$

可见，对于该类传感器，只要测得施加加速度后质量块位移的大小，便可通过公式计算得到加速度的大小。该类传感器依据其敏感机理，可分为电容式、压阻式、压电式、电磁式、隧道电流式等类型。

第二类对传感器力学测试的方法是通过结构本身的力学特性来实现的，例如可通过力学特性引起的敏感元件谐振频率的变化来实现等，称为数字式传感器。该方法可通过在质量块两端添加相应的敏感元件（如图 6.2 中的双端固支谐振音叉）来实现，当惯性力（横向）作用在该谐振音叉上时，其效应之一就是音叉的谐振频率会发生变化（具体理论见 2.2 节），两者关系可表示为

$$f = f(a) \qquad (6.5)$$

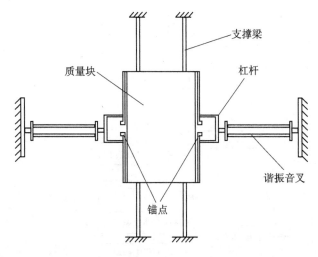

图 6.2　谐振式硅微机械加速度传感器工作原理

其中，f 为敏感元件的谐振频率。因此，通过测试谐振频率的变化，便可得到加速度的大小。该类传感器被称为谐振式硅微机械加速度传感器。由于该传感器是通过测试加载前后传感器谐振频率的变化实现的，具有测试精度高、稳定性好、易于与计算机接口、数字化输出等优点，所以其是目前高性能加速度传感器的重要研究方向。

可见，硅微机械加速度传感器依据其检测方法不同，可分为电容式、压阻式、压电式、谐振式等多种类型。硅微机械加速度传感器的具体分类如图 6.3 所示。

6.2.2　电容式硅微机械加速度传感器

电容式硅微机械加速度传感器是利用梳齿电容结构，通过测试加载后由位移引起的电容量变化来实现对加速度的测试。依据第 2 章相关的理论，电容排列方式可分为变面积与变间隙两种，因此，该传感器可分为变间隙式和变面积式加速度传感器。实际工程中，为减小测试过程中的误差，传感器一般会设计成差动形式。目前，典型的产品是德国 ASC 公司的产品、瑞士 Kistler 公司的产品，以及美国 Silicon Designs 公司和 ADI 公司的产品等，部分产品如图 6.4 所示。电容式硅微机械加速度传感器具有频率响应范围宽、测量范围大等优点，是目前应用比较广泛的一类硅微机械加速度传感器。

6.2.3　压阻式硅微机械加速度传感器

压阻式硅微机械加速度传感器是利用半导体材料的压阻效应，通过位移变化引起的敏感元件的电阻值变化，实现对加速度的测试的（相关理论见第 3 章）。由于半导体材料的压阻特性受温度变化影响较大，实际工程中一般采用相关桥式电路，通过电桥进一步将电阻变化转换为电压或电流的变化。

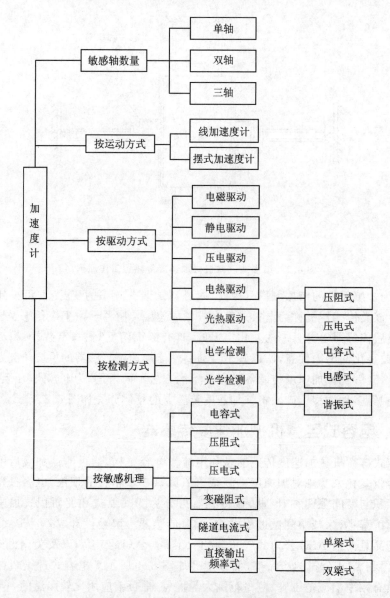

图 6.3 硅微机械加速度传感器分类

　　压阻式硅微机械加速度传感器的最大优点是易于集成、制作工艺简单。但是，由于该类传感器是通过材料压阻效应实现对加速度测试的，所以传感器性能受温度影响较大，存在测试精度较低的问题。因此，该类传感器适用于对加速度精度要求不太高的场合，主要用于军用点火装置、飞行动力测量、安全系统位移检测、汽车力学研究等。比较典型的产品是美国 Endevco 公司和 MEAS 公司的产品，如图 6.5 所示。

(a) ASC公司的产品　　　　　　　　　(b) Kistler公司的产品

图 6.4　典型的电容式硅微机械加速度传感器产品

(a) Endevco公司的产品　　　　　　　　(b) MEAS公司的产品

图 6.5　压阻式硅微机械加速度传感器产品

6.2.4　压电式硅微机械加速度传感器

压电式硅微机械加速度传感器是利用压电材料的压电效应,实现对加速度的测试的(相关理论见第 3 章),其结构原理图如图 6.6 所示。压电式硅微机械加速度传感器由质量块、弹簧、压电晶片和基座组成。当传感器基座随被测物体一起运动时,由于弹簧刚度很大,相对而言质量块的质量很小,即惯性很小,因此可认为质量块感受与被测物体相同的加速度,并产生与加速度成正比的惯性力。惯性力作用在压电晶片上,就产生与加速度成正比的电荷或电压。这样,就可以通过测量电荷量或电压来测量加速度。典型的压电式微机械加速度传感器产品为美国 Endevco 公司和 MEAS 公司的产品,如图 6.7 所示。

压电式硅微机械加速度传感器的突出特点是具有很好的高频响应特性、体积小、质量轻、测量范围宽、使用温度范围宽。但是,由于压电材料的漏电流效应和热电效应的影响,该类加速度计温度漂移大,低频特性不好,不适用于稳态测量的场合,这限制了它的应用范围。

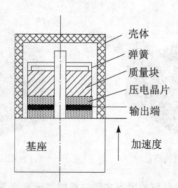

图 6.6　压电式硅微机械加速度传感器结构原理图

(a) Endevco公司的产品　　　　　(b) MEAS公司的产品

图 6.7　压电式硅微机械加速度传感器产品

6.2.5　谐振式硅微机械加速度传感器

　　如 6.2.1 小节所述,谐振式硅微机械加速度传感器是一种力敏传感器,它利用力-频效应达到测量的目的。所谓力-频效应,就是外力对谐振敏感元件作用,导致谐振敏感元件内部应力状态发生变化,敏感元件的谐振频率也发生变化。这种应力可以由外力、惯性力、振动以及压力等因素引起。

　　1964 年,Willis 和 Jimerson[10]首次应用力-频效应这一现象,采用石英材料,制作了第一款直接输出频率加速度计的原理样机并测得了实验数据。随后,Watson和 William 等人在 20 世纪 70 年代相继对直接输出频率加速度计进行了相关研究。

　　进入 20 世纪 80 年代以后,以集成电路工艺和微机械加工工艺为基础制造的各种微传感器得到了飞速的发展,与此同时,直接输出频率加速度计也成为国外研究的热点。

　　1979 年,美国斯坦福大学首先采用微加工技术、硅材料制作出开环直接输出频率加速度计;1989 年,D. W. Satchell 和 J. C. Greenwood 首次设计了三梁结构硅直接输出频率加速度计,采用了热激励、压电检测的方法[11];1990 年,C. S. Chang 等人[12]利用双梁结构设计了一款对两个方向加速度同时敏感的直接输出频率加速度计,并申请了专利;1991 年,Draper 实验室采用音叉结构作为谐振敏感结构,研制出一款石英直接输出频率加速度计;1991 年、1994 年和 1996 年,A. Cheshmehdoost[13-15]等人对直接输出频率加速度计的敏感元件——音叉,进行了理论、实验研究,但文献未给出音叉结构整体的理论模型;1997 年,加州大学伯克利分校研制出一款采用音叉作为敏感结构的直接输出频率加速度计,其文献也未给出加速度计的整体理论模型。

进入 21 世纪,直接输出频率加速度计的研究进展较为迅速,在众多的研究机构中,美国的 Draper 实验室,麻省理工、加州大学伯克利分校等研究机构,以及霍尼韦尔、飞思卡尔和模拟器件等公司的研究处于领先地位,欧洲和日本也处于较高的研究水平。典型的产品有霍尼韦尔公司研制的 RBA500[16],如图 6.8 所示。该系列加速度计的量程为 $\pm 70\ g$,标度因数为 $80\ Hz/g$,分辨率小于 $1\ \mu g$。

图 6.8　霍尼韦尔公司研制的谐振式微机械加速度计 RBA500

6.3　角速度测试及其传感器

对运动载体角速率的测试主要是通过陀螺来实现的,该传感器与加速度传感器相结合,一起组成对运动载体的运动姿态进行测量的惯性测量单元(Inertial Measurement Unit,IMU)。随着微机械技术的发展,小型化、低功耗、高集成度、低成本的微惯性测量单元(Micro Inertial Measurement Unit,MIMU)已成为惯性系统未来的主要发展方向。而陀螺作为其中的最核心器件,其微型化也成为该类传感器的发展方向。自其问世以来,在航空、航天、航海以及军事等领域有着广泛的应用,一直是各国重点发展的技术[17-20]。

6.3.1　工作原理

硅微机械陀螺结构工作原理简图如图 6.9 所示。该结构主要由两套弹性支撑结构、阻尼结构以及质量块组成,两套弹性支承-阻尼结构在设计过程中正交布置。该系统可认为是一个 2 - D 振动系统。一般地,质量块在 y 向驱动力作用下(驱动频率等于系统 y 方向的谐振频率)做往复运动。当有一个绕 z 轴方向转动的角速率施加

于系统时,由于科氏效应,便产生一个沿 x 轴方向的科里奥利力,其大小可表示为

$$F_c = 2mv \times \Omega \qquad (6.6)$$

式中:m 为质量块;v 为 y 方向运动线速度;Ω 为待测角速率。

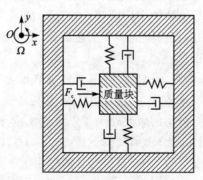

图 6.9 硅微机械陀螺工作原理简图

由式(6.6)可知,当质量块在 y 向线速度方向与角速率相垂直且其运动速度符合正弦规律时,式(6.6)变为

$$F_c = 2\,mV\Omega \sin \omega_n t \qquad (6.7)$$

式中:V 为运动线速度峰值;ω_n 为运动角速率。

可见,科氏力的大小与质量块成正比,且变化角速率与质量块相同。

与加速度传感器相似,对运动角速度的检测就归结到对科氏力的检测上。同样,依据其敏感机理,硅微机械陀螺可分为电容式、压阻式、压电式和谐振式等几类。

6.3.2 发展历程

对硅微机械陀螺的研究主要起始于 20 世纪 80 年代,随着以 IC 工艺为基础的微机械加工技术开始应用于传感器的制造,极大地推动了微机械陀螺的发展,人们开始研制硅微机械陀螺。硅微机械陀螺的工作原理与振动式压电晶体陀螺相同,但加工方法、器件特性和应用前景等方面与压电晶体陀螺却有着显著的区别。硅微机械陀螺是在单晶硅或石英晶体上借助半导体加工工艺制作,并把相关的电子线路也集成在同一芯片上。这种微电子与微机械的结合,满足了汽车、控制、消费电子等廉价、低精度陀螺的需求,而且硅微机械陀螺的优异特性决定其具有广阔的商业应用前景和很高的军事价值,因而受到各国的高度重视。

首支硅微机械陀螺就是由美国 Draper 实验室在 1991 年推出的,即双框架体硅微机械振动式陀螺,其结构如图 6.10 所示,其平面尺寸为 $350~\mu m \times 500~\mu m$。在真空封装及 60 Hz 带宽条件下随机游走系数为 4 (°)$/s/\sqrt{Hz}$。该陀螺工艺能与微电子工艺兼容,可实现与微电子接口电路集成,能够大批量生产,从而降低成本[21]。随着双框架体硅微机械陀螺的诞生,各式各样的硅微机械陀螺开始层出不穷。

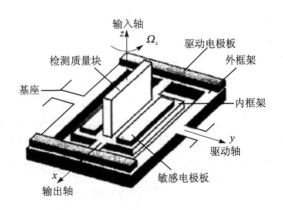

图 6.10　Draper 实验室研制的双框架体硅微机械振动式陀螺

1993 年,Draper 实验室又推出了一种硅微机械振动音叉式陀螺,结构如图 6.11 所示[22-23]。该陀螺在驱动方向首次采用驱动力与驱动位移无关的切向梳齿驱动,静电力驱动左右两侧质量块在 x 方向相向或相离运动,当有 y 方向的角速度输入时,哥氏力引起左右两侧质量块在 z 方向上下反向振动,质量块与其下面的电极组成的电容形成差分电容输出。该陀螺是利用反应离子刻蚀(RIE)技术、硅–玻璃键合以及溶片工艺制作的。这种陀螺在工作带宽为 60 Hz 的情况下,随机游走系数为 1(°)/s/$\sqrt{\text{Hz}}$,能满足汽车应用以及一些中低精度的军用场合。梳齿驱动音叉式陀螺在驱动方向的 Q 值较高,而在检测方向由于压膜阻尼的作用 Q 值较低,为了提高陀螺的灵敏度,需要工作在真空状态下。

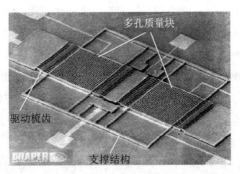

图 6.11　Draper 实验室研制的硅微振动音叉式陀螺

British Aerospace 公司是世界上最早研究质量块环状陀螺的团队之一,并将此陀螺应用到自动化控制上。早在 1994 年就报道过一种单晶硅环状陀螺[24],这种传感器是在玻璃衬底上,通过深度干法腐蚀 100 μm 硅片制成的。在空气中,随机游走系数为 0.05 (°)/s/$\sqrt{\text{Hz}}$,标度因数为 20 mV/(°)/s。

1994 年,密歇根大学报道了一种在镍上加工实现的振动环式硅微机械陀螺[9],

随机游走系数为 0.1 (°)/s/$\sqrt{\text{Hz}}$，零位偏差漂移小于 10 (°)/s（温度－40～＋85 ℃），比例因子非线性小于 0.2％（±100 (°)/s 速率范围）。如图 6.12 所示,该陀螺由一个圆环、8 个半圆形的弹性支撑梁以及均匀分布在圆环周围的驱动控制电极和检测控制电极组成。圆环通过静电驱动进入平面内,使其工作在第一弯曲模态,当它围绕法线轴旋转时,科氏力使能量从第一模态转移到偏离第一模态 45°的第二模态,第二模态的振幅与输入角速度成比例。因此,由分布于其周围的检测控制电极检测角速度信号。该陀螺与其他类型的陀螺相比有一些特点:对称结构可以减小环境振动的干扰;通过匹配驱动和检测模态谐振频率可以提高灵敏度;对温度变化不敏感;可以通过平衡电极补偿制作过程中的工艺误差。

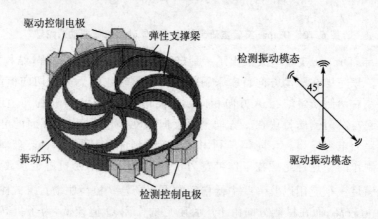

图 6.12 振动环式硅微机械陀螺

1995 年,日本的 K. Tanaka 等人研制了一种梳齿式静电驱动、角速度敏感质量块在哥氏力作用下 z 向振动的微机械陀螺,芯片照片见图 6.13[25]。该陀螺是利用表面多晶硅加工技术制作的,采用了离子刻蚀调整结构参数来匹配驱动模态的谐振频率和检测模态的谐振频率,以获得高灵敏度。陀螺工作在 1 Pa 气压的高真空条件下,等效噪声角速度为 2 (°)/s。同年,该研究团队报道了一种轴向(x 或 y 轴)表面多晶硅陀螺[26],此种陀螺的制作通过扩散磷在衬底上、在穿孔的多晶硅谐振器下面形成检测电极,随机游走系数为 2 (°)/s/$\sqrt{\text{Hz}}$。

加州大学伯克利分校 BSAC（Berkeley Sensor & Actuator Center）最早在 1996 年报道了一种表面硅微工艺制作的梳状驱动、梳状电容检测的振动式微机械 z 轴陀螺[27],如图 6.14 所示。该陀螺采用多晶硅表面微机械工艺制作,驱动电极和检测电极均采用梳状叉指结构,外框梳状叉指构成的电容用于检测,利用单质量块在面内驱动,敏感轴垂直于驱动轴,受到科氏力作用时在面内振动,随机游走系数为 1 (°)/s/$\sqrt{\text{Hz}}$,标度因数为 2 mV/(°)/s。

1997 年,加州大学伯克利分校 BSAC 又报道了一种 xy 双轴微机械陀螺[28],如图 6.15 所示。该陀螺在 2 μm 厚的多晶硅基片上制作,具有一个由弹性梁支撑的圆

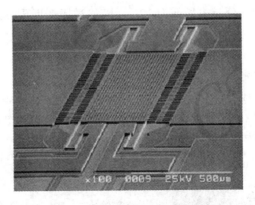

图 6.13 z 向振动的微机械陀螺

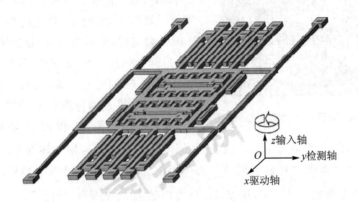

图 6.14 梳状驱动、梳状电容检测的振动式微机械 z 轴陀螺

盘形转子,该转子在 x 轴和 y 轴是对称的,因而可以分别绕两轴以相同的条件发生扭转。当陀螺工作时,转子在梳齿电极的作用下绕 z 轴扭转振动,当有沿 x 或 y 方向的角速度输入时,转子向 y 或 x 方向倾斜,通过测量转子与下面衬底电极之间的电容变化检测 x 和 y 方向的角速度。该陀螺的随机游走系数为 0.24 (°)$/s/\sqrt{Hz}$,标

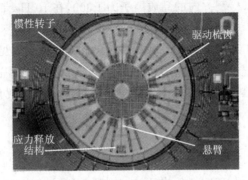

图 6.15 xy 双轴微机械陀螺

度因数为 2 mV/(°)/s,分辨率最低为 10(°)/h,通过频率匹配,分辨率可以进一步提高到 2(°)/h。

韩国三星(Samsung)公司于 1997 年介绍了一种在 7.5 μm 厚的低压力的化学层上沉积多晶硅形成陀螺[29],陀螺的敏感电极相对较薄,只有 0.3 μm。

1997 年,Robert Bosch 公司沿用前面提到的 British Aerospace 公司的工艺大量生产,报道了一种 z 轴微机械音叉式陀螺[30],利用电磁激励和电容检测,通过在传感器封装内部嵌入永磁体,使该陀螺带宽达到了 100 Hz,随机游走系数为 0.05 (°)/s/$\sqrt{\text{Hz}}$,标度因数为 18 mV/(°)/s。

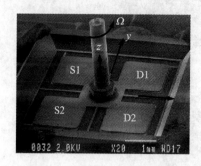

图 6.16 苜蓿叶式微机械陀螺

美国的 JPL (Jet Propulsion Laboratory)实验室在 1997 年联合 UCLA(加州大学洛杉矶分校)报道了一种苜蓿叶式微机械陀螺[31],如图 6.16 所示,其结构为 4 个叶片被 4 根细梁支撑,中间装配一根金属杆。D1 和 D2 是静电驱动电极,驱动叶片绕 y 轴扭转,当有绕 z 轴的角速度输入时,哥氏力将沿 y 轴的扭转模态耦合到沿 x 轴扭转的检测模态,通过检测电极 S1 和 S2 的电容变化检测扭转幅度。该陀螺的制造工艺比较复杂,同时需要金属杆与四叶体的中心精确对准,工艺难度较大。此设计在硅谐振器上的孔里附上金属环氧,可以增加检测的旋转惯性力,随机游走系数为 90 (°)/h/$\sqrt{\text{Hz}}$,标度因数为 24 mV/(°)/s。

日本的 Y. Mochida 等人于 2000 年提出了一种具有独立的驱动梁和检测梁结构的微机械陀螺,并研究了模态之间的耦合问题[32]。该陀螺结构如图 6.17 所示,外梁作为驱动梁,质量块和框架在静电力驱动下在驱动方向一起谐振,当有角速度信号输入时,由于哥氏力的作用,质量块在检测方向振动。内梁既可以作为检测梁,同时又隔离了检测模态对驱动模态的耦合,降低了正交误差,以提高陀螺的性能。在真空环境(小于 100 Pa)下,检测方向的品质因子为 1 000,在 10 Hz 带宽下工作,陀螺的噪声等效角速度为 0.07 (°)/s。

2002 年,HSG - IMIT 报道了一种硅微振动轮式陀螺[33](见图 6.18),此陀螺结构具有很好的驱动模态和检测模态的解耦性,在 10 μm 厚的多晶硅结构层上利用标准的 Bosch 制作工艺制作而成。在带宽为 10 Hz 时,噪声等效角度为 0.025 (°)/s,偏置稳定性为 ±0.3 (°)/s,随机游走系数为 25 (°)/h/$\sqrt{\text{Hz}}$,标度因数为 10 mV/(°)/s。

2002 年,加州大学伯克利分校 BSAC 报道了一种直接输出频率谐振式陀螺[34](见图 6.19)。此种陀螺与 2000 年报道的陀螺都是利用与 COMS 兼容的 MEMS 技术在 Sandia 国家重点实验室制作的,但是它使检测芯片与检测电路集成在一起,提高了

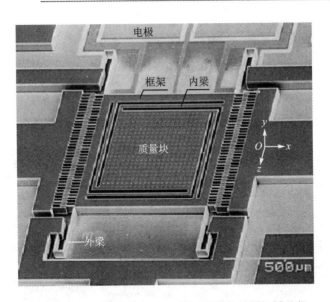

图 6.17　具有独立的驱动梁和检测梁结构的微机械陀螺

图 6.18　HSG - IMIT 研制的硅微振动轮式陀螺

可靠性,在大气压下随机游走系数与 2000 年的陀螺相同,都为 0.3 (°)$/s/\sqrt{Hz}$。

　　2002 年,土耳其中东技术大学的 S. E. Alper 等人提出了一种全新的对称微机械陀螺结构[35],如图 6.20 所示。该陀螺不仅能实现驱动和检测模态的频率匹配以获得较高的灵敏度,而且也能对驱动和敏感模态解耦来消除由于交叉耦合所带来的正交误差。全对称结构有利于抑制灵敏度随温度和工艺的漂移。采用静电驱动和梳状电容检测方式,接口电路使用 $0.8~\mu m$ CMOS 工艺制作。S. E. Alper 等人分别利用表面微机械工艺、LIGA 工艺、体硅微机械加工工艺制作了这种结构的陀螺。其中,表面微机械加工工艺制作的陀螺在 10 mTorr 压力条件下,品质因子达到

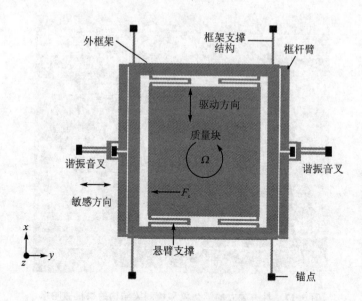

图 6.19　BSAC 制作的直接输出频率谐振式陀螺

10 400,分辨率为 1.6 (°)/s。采用 LIGA 工艺制作的陀螺结构厚度为 16 μm,真空条件下随机游走系数为 7.3 (°)/s/$\sqrt{Hz}$,在 50 Hz 带宽条件下,分辨率达到 96 (°)/s。

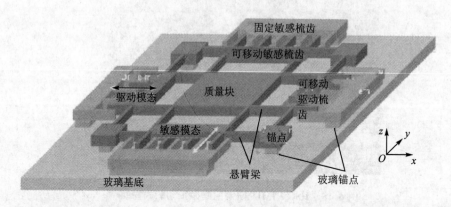

图 6.20　中东技术大学发布的对称微机械陀螺结构示意图

　　2005 年,B. D. Choi 和 S. Park 等报道了一种单晶体硅制作的陀螺[36],它的偏置稳定性低于 1 (°)/h。这种陀螺工作在模态匹配区,故有很高的标度因数,但是灵敏度较低。其利用普通的体硅工艺制作,不像大多数体硅工艺那样有平滑边缘也有底面结构。之所以具有优越的性能,主要是因为其有 10 mTorr 的真空水平。

　　自 2008 年开始至今,陀螺的检测原理与结构形态已处于定型状态,发展已由前一阶段的结构创新进入性能优化阶段,主要存在以下几种发展趋势:

① 很多陀螺设计多质量块以及利用差分原理来减小耦合，如图 6.21 所示。对于两自由度陀螺，大多数设计都把设计的重点集中限制了质量块在驱动或检测方向的振幅上。当驱动质量块产生的科氏力作用在检测质量块上时，限制检测质量块在驱动方向振动，或驱动质量块在检测方向上不能振动。

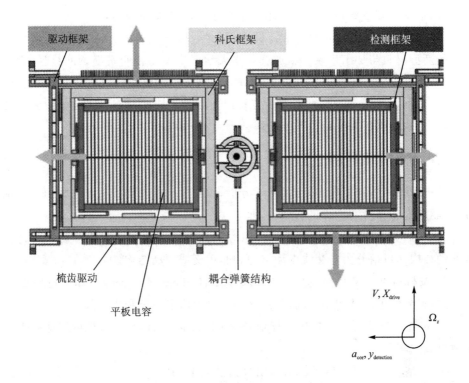

图 6.21　双质量块全对称解耦陀螺

② 当不受外界力时，我们称之为自由振动；当受外界力时，我们称之为受迫振动。陀螺的驱动实际上就是一种周期性的受迫振动。如果外界力的驱动频率与检测的频率尽可能地接近，此时称之为谐振，则系统会以最大振幅做简谐振动，并得到最大的灵敏度。当然，这是一种理想状态。近些年，有很多研究都在试图优化匹配这两个频率，但是这需要精密的加工手段来实现。

③ 由于陀螺的性能很大一部分取决于结构的制作，因此即使设计性能良好，也会由于结构尺寸微小和加工工艺的制约，出现无法避免的缺陷。正是因为这些制造缺陷，检测信号就有可能出现较大的误差，这就需要有一系列的补偿方法。现阶段有很多研究人员都试图将控制的理念应用到驱动和检测电路中。参考文献[37]报道了一种实用的相关滤波器，与传统的低通滤波器相比能有效地减少热噪声。参考文献[38]中利用小波分析来降低噪声。Leland 等报道了一种自适应控制器[39]，它可以

估计耦合效应和补偿这种效应带来的影响。Zheng 等报道了一种新型驱动轴向的振荡控制器[40]，这种控制器是在传统的 PD 控制器上加了线性状态观测器，它能有效地抑制驱动轴在结构方面带来的不确定因素。控制方面的设计理念主要有以下优点：让驱动或者检测方式在自己需要的状态下工作；提升动态响应时间和动态输入范围；实时估计未知参数；补偿加工缺陷；补偿时变效应，如温度效应。

④ 还有一个研究方向就是结合材料与化学，探索比硅更合适、更能体现该陀螺性能的新型材料与加工手段。新加坡国立大学提出了一种叫石墨硒的材料，它的弹性模量达到 1 TPa，抗拉强度达到 130 GPa，远高于硅的弹性模量 165 GPa，抗拉强度为 5～9 GPa。由频率的计算公式很容易得出石墨硒比硅具有更高的谐振频率和可靠性，不过这些都还处于理论推想阶段。

6.3.3　微机械陀螺的分类

微机械陀螺的种类很多，为了便于分析，现将微机械陀螺按振动结构、材料、加工方式、驱动方式和检测方式进行划分，即

① 按振动结构的不同可将微机械陀螺划分为线振动结构和角振动结构，其中，线振动结构又可划分为正交线振动结构和非正交线振动结构。

② 按材料可将微机械陀螺划分为硅陀螺（silicon gyroscope）和非硅陀螺。其中，硅材料分为单晶硅和多晶硅，非硅材料主要为压电石英和压电陶瓷。

③ 按加工方式可将微机械陀螺划分为 LIGA 陀螺、体加工微机械陀螺和表面加工微机械陀螺等。

④ 按驱动方式可将微机械陀螺划分为静电驱动陀螺（electrostatic gyroscope）、电磁驱动陀螺（electromagnetic gyroscope）和压电驱动陀螺（piezoelectric gyroscope）等。

⑤ 按检测方式可将微机械陀螺划分为电容式陀螺（capacitive gyroscope）、谐振式陀螺（resonant gyroscope）、压阻式陀螺（piezoresistive gyroscope）、压电式陀螺（piezoelectric gyroscope）、光学陀螺（optical gyroscope）和隧道陀螺（tunneling gyroscope）等。

微机械陀螺分类如图 6.22 所示。

从材料上分类，微机械陀螺可分为硅微机械陀螺、石英微机械陀螺和压电陶瓷微机械陀螺。从 20 世纪 80 年代开始，微机械陀螺的研制中最具代表性的是美国 Draper 实验室的硅微机械陀螺、美国 Siston Donner 公司的石英微机械陀螺和日本 Murata 公司的压电陶瓷微机械陀螺。表 6.1 所列为微机械陀螺的性能参数。

硅微机械陀螺是当今研究的主要方向，从其驱动和检测方式来看，主要有电磁驱动-电容检测陀螺、电磁驱动-电阻检测陀螺和静电驱动-电容检测陀螺等。而对于大多数硅微机械陀螺，一般采用静电驱动-电容检测。

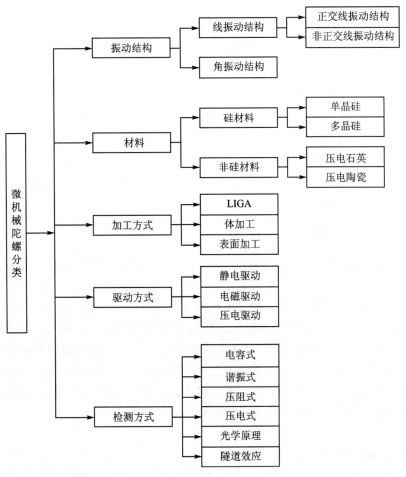

图 6.22　微机械陀螺分类

表 6.1　微机械陀螺的性能参数[19]

陀螺型号	Gyrostar ENC	Gyrostar ENV	Gyrochip GC－1－50－100	ВОГ910 HTK
公司名称	Murata	Murata	Siston Donner	ФИЗОПТИКА
量程/((°) · s^{-1})	90	80	100	200
频率/Hz	50	7	60	1 000
漂移率/((°) · s^{-1})	—	1(10 min)	0.2	0.01
非线性/%	5	0.5	0.1	0.2
敏感轴	1	1	1	1
功耗/W	0.025	0.075	0.8	0.5～1.5
外形尺寸	22 mm×9 mm×8 mm	19 mm×46 mm×38 mm	Φ50 mm×25 mm	Φ80 mm×25 mm
质量/g	2.7	50	100	100

6.4 压力测试及其传感器

压力作为非常重要的大气参数之一,对它的测量一直都是非常重要的测试方向。测量压力参数的传感器几乎在各个技术领域都有应用,例如在航空领域中,航空发动机进出口压力、飞控系统的大气数据计算、燃油系统的油泵压力、液压系统的制动装置、大气调节系统,乃至导航和火控系统都需要压力传感器提供相关的压力参数。随着微机械工艺的发展,体积小、功耗低、集成度高、成本低的高性能硅微机械压力传感器已成为目前的主要发展方向。

6.4.1 工作原理

目前,硅微机械压力传感器对于压力的测量绝大多数采用硅膜片作为敏感元件,其敏感机理主要有 3 种:基于物理效应的压阻式、基于物理法则的电容式和谐振式。图 6.23 所示为这 3 种传感器的简单工作原理简图(相应的膜片理论见第 2 章)。

图 6.23(a)所示为硅压阻式压力传感器,压敏电阻扩散在硅膜片上,并连成惠斯顿电桥,当被测压力作用在膜片上时,膜片产生形变,引起压敏电阻阻值的变化,电桥失衡,该失衡量与被测压力成比例。该类压力传感器具有制作装配简单、成品率高等优点,但是由于其是通过半导体材料的压阻效应实现的,温度效应对其性能具有很大的影响,所以很难实现高精度压力参数的测量。

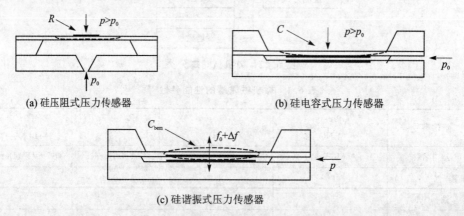

(a) 硅压阻式压力传感器　　　　　　　　(b) 硅电容式压力传感器

(c) 硅谐振式压力传感器

图 6.23　3 类典型的硅微机械压力传感器

图 6.23 (b)所示为硅电容式压力传感器,淀积在膜片下表面上的金属层形成电容器的活动电极,另一电极淀积在硅衬底表面上,二者构成平行板式电容器。当膜片感受压力作用发生弯曲时,电容器的极板间距发生变化,从而引起电容量的变化,该变化量与被测压力相对应。该类压力传感器不存在由于温度变化导致的测试精度问

题,但由于电容检测是基于模拟量检测实现的,所以整体测试精度受到弱电容检测精度的影响。同时,数字/模拟信号的转换会造成测试电路较大,影响传感器的测试精度。

目前,备受瞩目的是第三种压力传感器,即硅谐振式压力传感器,它基于膜片或梁的谐振频率随被测压力变化而改变的原理来实现压力测量,其典型结构如图 6.23 (c) 所示。硅膜片或梁由静电或其他方法激励而产生谐振动,谐振频率为 f_0,当膜片(梁)受被测压力直接(间接)作用时,刚度发生改变,从而导致谐振频率的变化 Δf,该变化量与被测压力相对应,通过计算便得到对应的压力值。由于该传感器是基于频率量检测实现对压力的测量的,故其具有稳定性好、数字输出、测试精度高等优点。

对于上述 3 种硅微机械压力传感器,硅压阻式压力传感器是最早开发的。早在 20 世纪 50 年代,美国 Bell 实验室就发现了硅压阻效应[41],其应变系数值比金属材料的应变系数值高 2 倍;并于 60 年代初,将体型硅应变片直接胶合在金属膜片上取代了金属应变片,随后制成硅膜片取代金属膜片,并在其上扩散硅压敏电阻,形成目前常用的硅压阻式压力传感器,显著改善了传感器性能,也降低了生产成本。在 20 世纪 70 年代和 80 年代,随着硅微机械加工技术的进一步成熟,特别是硅表面加工技术的发展和应用,制成了性能更优良的微型和超微型硅压阻式压力传感器。它的体积更小(如膜片尺寸小于 1 mm×1 mm,厚度小于 5 mm),功耗更低,更适合于航空航天和生物医学领域的需求,且更易于与微电子线路进行单片集成。由于它的应用成功、领域广泛,故它是当今世界上一种著名的压力传感器。硅压阻式压力传感器的主要缺点是对温度的不稳定性,若在环境温度变化大的场合应用则必须进行温度补偿。此外,受压敏电阻灵敏度的限制,该传感器不适用于超低压差的精确测量。

以金属或陶瓷元件为极板的传统电容式压力传感器,早在许多工业领域中就得到了应用,例如电容式油量计于 20 世纪 40 年代就在飞机上用于检测燃油箱内的油位。20 世纪 60 年代末至 80 年代中,以美国 Rosemount 公司和日本 Yokogama 电气公司为代表生产的电容式差压传感器和变送器在工业过程检测中被普遍使用,几乎占据统治地位。进入 20 世纪 80 年代以后,随着硅微机械加工和集成电路技术的发展和成熟,以硅膜片为活动极板的集成式硅电容式压力传感器开始迅速发展和推广应用。与硅压阻式压力传感器相比,硅电容式压力传感器的优点很明显,主要包括:灵敏度高,可以测量从声压级到数十兆帕的压力;功耗更低(可以低于硅压阻式压力传感器 2 个数量级);长期稳定性和重复性也明显优于硅压阻式压力传感器。鉴于此,如今硅电容式压力传感器是广泛应用于机载大气数据测控系统、工业过程控制、临床监护以及生物医学研究等方面的知名传感器。但是,硅电容式压力传感器也存在一些不足,特别是在微压测量中,微电容的变化量易受杂散电容干扰,所以其接口电路要比硅压阻式压力传感器复杂得多。为避免杂散电容的干扰,其接口电路最好集成到传感器芯片上,或者至少设计在紧靠传感器芯片的位置。

6.4.2 硅谐振式压力传感器及其发展

相对于压阻式和电容式压力传感器,谐振式压力传感器由于是通过测试加载前后敏感元件谐振频率的变化实现的,因此,其具有稳定性好、数字输出、测试精度高等优点,是目前高精度压力传感器的主要研究方向。

对于谐振式压力传感器,早在1919年就已经开始了对它的研究,较先出现的当属振动弦式压力传感器,至今还使用在某些场合中。直到1959年才出现了第二代谐振式压力传感器,即航空界知名的振动筒式压力传感器。自1960年以来,英国Schlumberger工业公司航空分公司(前Solartron公司)一直在研制谐振筒式压力传感器。20世纪70年代以来,这种传感器在航空发动机调节系统和大气数据计算机上得到了广泛应用,是当时航空机载系统的高端技术。

进入20世纪80年代,随着硅微机械加工技术的迅速发展,上述依赖精密机械加工的谐振式传感器开始移植到硅基片上,即采用硅微机械加工技术制作硅谐振式压力传感器。由于谐振膜直接与被测气体接触,所以对于微米级的振膜会造成振动能量耗散,导致Q值很低,难以起振。此外,被测气体直接作用于谐振膜,其谐振频率不仅依赖于压力,而且依赖于谐振膜附近的气体质量、种类和温度,且化学物质和灰尘吸附以及腐蚀作用都将改变谐振器的质量,引起谐振频率的漂移,降低传感器的精度。因此,这种硅谐振式压力传感器并不实用。

基于上述缺点,英国科学家J. C. Greenwood为硅谐振式压力传感器研究做出了开创性的工作,他提出了一种采用复合敏感结构的硅谐振式压力传感器方案,并于1984年公开发表[42],此文是硅谐振式压力传感器起步迈向实用化的里程碑。该结构由硅基片经各向异性腐蚀形成,包括方形硅膜片和谐振梁,谐振梁支撑在膜片上表面中央处,二者连为一体,构成硅谐振式压力传感器芯片,如图6.24所示。图6.25所示为谐振梁的扫描电镜照片,该梁形似蝴蝶,故称为蝶形梁。

图 6.24　硅谐振式压力传感器芯片

图 6.25　谐振梁的扫描电镜照片

由于谐振器与被测介质隔离开来,所以这种基于复合敏感结构的硅谐振式压力传感器用于气体和液体压力测量时均能达到优越的性能,有利于产业化,深受国际同行认可。现在,国际上几家著名的传感器公司均基于这种结构形式研发和制造了各具特色的硅谐振式压力传感器。1988 年,J. C. Greenwood 又发表了其研究成果[43],文中对他于 1984 年的设计进行了内容充实和理论分析。该设计随后被英国 Druck 公司(现属 G. E. 公司)采用并完善,最终实现产业化,并于 20 世纪 90 年代中后期推向市场。如图 6.24 所示,硅梁支撑在带筋的硅膜片上,二者为一个整体。硅谐振梁仅有 6 μm 厚,600 μm 长,采用静电激励、电容检测,腔体内玻璃管实现真空封装。该传感器在 100 kPa 的压力量程内,谐振频率变化率约为 9%,满量程精度优于 0.01%,年稳定性优于 0.01%。图 6.26 所示为该传感器压力测量的简单结构原理图。该传感器已经成功应用于如气象压力计、精密压力标定仪器等,是现今享誉全球的硅谐振式压力传感器产品之一。

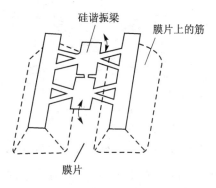

图 6.26 硅谐振式传感器压力测量的简单结构原理图

Schlumberger 公司的航空传感器分公司在 1991—1992 年的文献[44-45]中报道了满足先进机载电子设备需求的静电激励、压阻检测硅谐振式压力传感器,其芯片结构由上下两硅片采用硅—硅键合技术连为一体,双端固支梁制作在膜片上表面中央浅槽上方,如图 6.27 所示。其中,膜片尺寸为 2.5 mm×2.5 mm,谐振梁的尺寸为

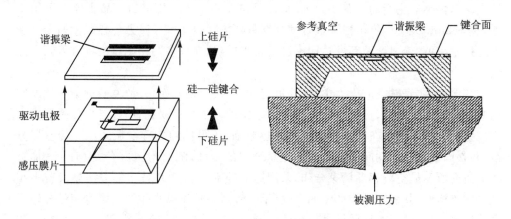

图 6.27 Schlumberger 公司的硅谐振式压力传感器敏感结构

$600~\mu m \times 40~\mu m \times 6~\mu m$,硅谐振梁的基频为 120 kHz。真空封装后硅梁的 Q 值为 60 000,有些全封装的传感器 Q 值甚至高达 140 000,这意味着谐振峰值在 120 kHz 处的宽度仅为 1 Hz,故其分辨率很容易达到 1×10^{-7} 量级。

日本 Yokogama 公司也于 20 世纪 90 年代中期研制和生产了一种硅谐振式压力传感器,其敏感结构如图 6.28 所示[46-47]。通过在 6.8 mm×6.8 mm×0.5 mm 的单晶硅体上制作感压膜片,在膜片上表面采用外延掺硼技术制作两个 H 型硅谐振梁 (1 200 $\mu m \times 20~\mu m \times 5~\mu m$),一个位于膜片中央,另一个位于膜片边缘处,形成感受压差的复合体。硅梁通过反应密封技术封装在局部真空腔内,Q 值高达 50 000。

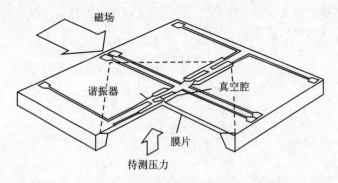

图 6.28 Yokogama 公司的硅谐振式压力传感器敏感结构

当膜片受正压差作用时,产生弯曲形变,两个谐振梁同时受相反方向应力的作用,中央处的谐振梁受拉伸而频率升高,边缘处的谐振梁受压缩而频率降低。两个谐振梁的频率差即对应了不同的被测压差,用检测频率差的方法表示被测压力不仅提高了压力测量的灵敏度,而且对于环境温度等共模干扰因素的影响具有很强的抑制作用。

Druck 公司、Yokogama 公司和 Schlumberger 公司是当今全球最负盛名的硅谐振式压力传感器生产商。其中,Druck 公司和 Yokogama 公司的产品主要为民用服务,而 Schlumberger 公司则注重研发航空用高精度硅谐振式压力传感器。如今这项先进技术在英、美、日、荷等发达国家已经相当成熟,在许多精密测量的场合得到广泛应用。

在国内,北京航空航天大学自 20 世纪 80 年代中期开始,在研发我国新一代航空用微传感器的背景下,对硅谐振式压力传感器进行了跟踪研究,组建了微传感器技术实验室,于 90 年代初在国内首先提出电热激励、压阻检测的硅谐振式压力传感器方案;并在国家"九五"期间受到航空工业总公司的资助,随后与国内有关 MEMS 加工技术研究所和航空传感器厂家合作,采用硅—硅键合和 SOI 技术等方法制成若干小批次实验样件,其敏感结构如图 6.29 所示。针对该传感器自主研发了专用的开环频率特性测试仪(包括对微弱振动信号的检测、采集、处理,对开环测试过程的控制和测试结果的显示),对实验样件做了大量的测试实验和分析研究,掌握了多项关键技术,取得了一些可喜的初步成果。

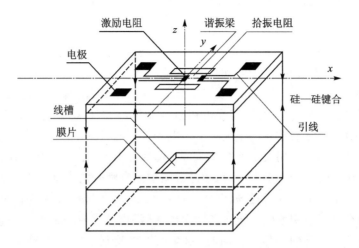

图 6.29　电热激励、压阻检测硅谐振式压力传感器

6.5　微小力矩测试方法

6.5.1　概　述

微机械电子系统在近年来得到了飞速发展,但由于微机电系统中微电机输出力矩小、体积小等[48-50],导致其输出力矩测量非常困难。

在对电机输出力矩测试方法中,通常使用接触法,D. Mathiesont 等[51]使用该方法可实现 10^{-5} N·m 精度的测量。V. Gass[52] 等使用杠杆放大的方法,实现了对位力矩的测量,其测量分辨率可达 0.05 μN·m。W. Brenner 等[53]使用索闸制动原理,实现了 1 μN·m 微力矩的测量。

虽然上述接触测量法有效地实现了微力矩的测量,但是由于微电机输出力矩很小,许多外界因素如测量温度、设备振动以及摩擦力和空气流动等,会对测量结果造成很大的影响,因此,随着待测设备的逐渐减小,利用该方法获得高精度测量结果就变得越来越难。

微小力矩测量的另一种方法为非接触测量法。该方法的特点为微电机和测量设备之间为非接触测量。因此,两者之间的相互作用是通过电磁力[54]或者空气压力[55-56]进行的。

这里提出了一种新颖的,能够实现 10^{-6} N·m 量级输出力矩测量的非接触式微力矩测量方法。该方法使用电磁力作为制动力来实现对微电机输出力矩的测量。与前述测量方法相比,该方法具有测量精度高、实时性好等优点。

6.5.2　非接触式动态微力矩测试仪工作原理

　　非接触式动态微力矩测试仪工作原理简图如图 6.30 所示,仪器采用非接触测量法对电机输出力矩进行测试。测试系统主要由安装在微小电机上的铝盘、非接触制动组件(包括制动磁极和绕于其上的励磁线圈)、电子天平、光电传感器、控制电路和计算机(内部安装了一个 AD/DA 数据采集卡)等部分组成。铝盘边缘放在制动磁极的间隙中,其边缘钻有一个小孔与光电传感器相对,光电传感器与控制电路相连接。非接触制动组件固定后放在电子天平上。电子天平通过其串口与计算机相连接。设备各组成部分的相互作用关系如图 6.31 所示,利用计算机控制软件,通过数据采集卡向制动线圈发送一个制动电压,在励磁线圈中便有励磁电流流过,于是在制动磁极的缝隙中产生了一定强度的磁场。当电机带动铝盘在气隙磁场中旋转时,铝盘内部便由于边缘在磁场中切割磁力线而产生涡电流,涡电流在磁场的作用下使铝盘受到一个与运动方向相反的作用力。同时,制动磁极将受到一个大小相等、方向相反的力。力的大小可以由电子天平读取,其数值可通过计算机串口传送给计算机。制动力大小乘以铝盘的半径便得到电机的输出力矩。同时,通过接收、处理由光电传感器传递到数据采集卡的电压信号,计算机便读取出与输出力矩相对应的转速,画出对应的转速-输出力矩关系曲线。

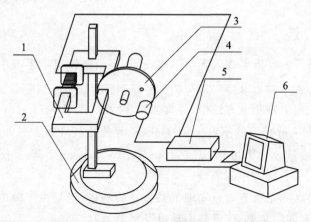

1—制动磁极;2—电子天平;3—铝盘;4—光电传感器;
5—控制电路;6—计算机

图 6.30　非接触式动态微力矩测试仪工作原理简图

6.5.3　非接触式动态微力矩测试仪控制程序的软件实现

　　依据非接触式微力矩测试仪的工作原理,测试程序的最终运行结果是在测试完微电机的输出力矩与转速后记录测试数据并画出两者之间的关系曲线的。可见,测试应包括输出力矩和转速两部分。依据微电机输出力矩公式 $T = F \cdot L$ 可知,欲知

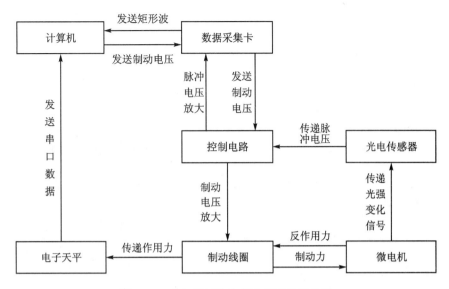

图 6.31　力矩测试仪各部分相互作用关系

电机在一定制动电压下的输出力矩,就必须知道制动力 F 的大小和制动力臂 L。因此,对电机输出力矩的测试应包括制动力大小的测试、制动力臂的测试和微电机转速的测试三部分,即

① 利用电子天平以及 VC++ 中串口通信的相关知识读取铝盘受到的制动力;

② 当测量半径未知时,利用间接测量法,通过控制程序计算出铝盘的测量半径(制动力臂);

③ 利用 VC++ 提供的 Windows 高精度定时器编制控制软件,实现对微电机转速的读取。

1. 利用串口通信程序读取制动力

制动力是通过电子天平的串口和计算机的 COM1 口读取的。在读取的过程中利用了 MSCOmm32.OCX 串行通信控件,本控件提供了使用 RS-232 来进行数据通信的所有协议,VC++ 为该控件提供了标准事件处理函数,通过设置控件属性,使串口控件符合控制程序要求。程序对串口通信控件的波特率、校验位等参数的设置如表 6.2 所列。

表 6.2　串口通信控件属性设置表

串口号	波特率	校验位	接收数据位数	停止位数
COM1 口	2 400	偶校验	7	1

在程序编制过程中,VC++ 对数据读取时首先定义了一个时钟,该时钟在每一个固定时间向串口发送一个信号,检验串口中是否有数据传进来。如果串口中没有数据,程序就不执行任何操作,直到检测到有数据为止。然后把串口中的数据提取出来

并对数据的类型进行转换，变成需要的浮点型数据格式。程序代码及其解释如下：

```
voidCMyDlg∷OnOnCommMscomm()
{
    floatfloatdata
    intnEvent = m_mscomm.GetCommEvent();          //定义一个整型变量
    intnLen;
    VARIANT var;                                  // 定义一个 VARIANT 变量
    switch(nEvent)                                // 判断有无数据传进来
    {
    case 1:                                       //没有数据
    break;
    case 2:                                       // 有数据传进来
        nLen = m_mscomm.GetInBufferCount();
        if(nLen < = 0)break;
        m_mscomm.SetInputLen(nLen);
        var = m_mscomm.GetInput();
        char * pData = (char * )(var.parray ->pvData);
        memcpy(pBuf + nBufLen,pData,nLen);
        nBufLen + = nLen;
        if(nBufLen < = 3)
        {
            if(((pBuf[nBufLen - 2]&0x0ff) == 0x0d)&&
            ((pBuf[nBufLen - 1]&0x0ff) == 0x0a))
            {
            k ++ ;
            floatdata = atof(pBuf + 3);           // 把数据转为浮点型数据
            nBufLen = 0;
            nLen = 0;                             // 清空串口,以便下一次记录数据
            }
        }
        break;
    }
}
```

2. 制动力臂的测量及其软件实现

(1) 数学模型的建立

在微力矩测试仪进行输出力矩测量时，制动力臂是指从电机旋转轴中心（与铝盘中心大致重合）到制动磁极与铝盘端面相对截面几何中心的距离。该数值可以通过直接测量得到，但许多情况下该值是未知的，需要通过间接测量方法来获得。间接测量法的工作原理简图如图 6.32 所示。依据微力矩测试仪的工作原理，在微电机旋转

过程中对制动磁极施加一定的制动电压。假设此时（见图 6.32(a)）微电机旋转速度为 n_1，铝盘中心到制动磁极截面几何中心的距离为 L_1，铝盘受到的制动力为 F_1。把铝盘沿着与气隙磁场垂直的方向移动 ΔL（ΔL 的大小可通过工作台下面的千分尺精确读取，可以为正，也可以为负，依据工作台的移动方向而定，如图 6.32(b)所示）。于是移动后的制动力臂 L_2 为

$$L_2 = L_1 \pm \Delta L \tag{6.8}$$

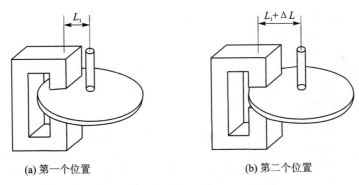

(a) 第一个位置　　　　　　　　(b) 第二个位置

图 6.32　间接测量法的工作原理简图

制动力臂的变化使得电机旋转速度由 n_1 变化到 n_2。调节制动电压的数值，使电机旋转速度与 n_1 近似相等，记录此时的制动力 F_2。我们认为微电机此时的制动力矩和移动前是相等的，即

$$F_1 L_1 = F_2 L_2 \tag{6.9}$$

式中：L_1 为转速为 n_1 时对应的制动力臂；L_2 为转速为 n_2 时对应的制动力臂。

将 $L_2 = L_1 \pm \Delta L$ 代入式(6.9)得

$$F_1 L_1 = F_2 (L_1 \pm \Delta L) \tag{6.10}$$

ΔL 前面正负号的选取可以根据 F_1 和 F_2 的大小来确定，当 F_1 大于 F_2 时取正号，反之则取负号。

求解方程(6.10)得到制动力臂 L_1 为

$$L_1 = \frac{\pm F_2 \Delta L}{F_1 - F_2} = \frac{F_2 \Delta L}{|F_1 - F_2|} \tag{6.11}$$

同时可求得当前的制动力臂值 L_2，也就是电机当前的制动力臂 L，即

$$L = L_2 = L_1 \pm \Delta L = \frac{F_2 \Delta L}{|F_1 - F_2|} \pm \Delta L \tag{6.12}$$

（2）制动力臂测量的控制软件实现

依据微力矩测试仪中制动力臂测量的工作原理及其数学模型，铝盘移动距离 ΔL 可以由千分尺精确读取。因此，欲计算制动力臂的大小须知转速 n_1 对应的制动力 F_1 以及转速 n_2 对应的制动力 F_2。然后利用式(6.12)计算制动力臂。程序在制

动力臂读取过程中利用了逼近法,首先用测试程序向制动线圈发送一个制动电压,读取此时对应的转速 n_1 和制动力 F_1。然后调节制动力臂数值,读取此时的转速 n_2。依据 n_2 与 n_1 的比较情况调节制动电压的大小,当 n_2 大于 n_1 时说明制动力变小,应加大制动电压使转速降低;反之,则应减小制动电压,使转速上升。如此一直比较下去,直到此时的转速与 n_1 的差值在允许范围内为止。记下此时制动力 F_2,代入式(6.12)得到制动力臂值。程序流程图如图 6.33 所示。

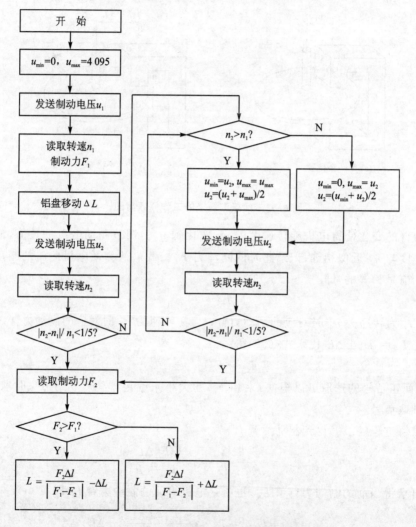

图 6.33　微力矩测试仪制动力臂测量流程图

(3) 电机转速测试原理及其软件实现

电机转速测试原理图如图 6.34 所示,由图可知,转速测试系统主要由边缘钻有小孔的铝盘、光电传感器、AD/DA 数据采集卡以及计算机等部分组成。测试时把电机接通三相方波电流使其旋转。铝盘在电机带动下旋转。小孔通过光电传感器时,光电传感器把光强强度变化的信号转换成了矩形波信号,信号的频率等于电机转速。信号经过控制电路的整流、滤波、放大后,通过数据采集卡传递到计算机,控制程序记录矩形波的周期后把周期转换为频率,转速读取流程图如图 6.35 所示。

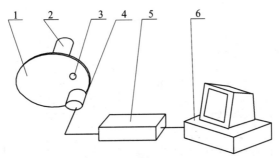

1—铝盘；2—微电机；3—小孔；4—光电传感器；
5—AD/DA数据采集卡；6—计算机

图 6.34　电机转速测试原理图

6.5.4　仪器输出力矩精度分析

精度分析是仪器性能分析的一个重要组成部分,从微力矩测试仪的工作原理和结果看,仪器精度主要取决于制动力的测量精度、输出力臂的测量精度、转速的测量精度、稳定性以及磁力相互干扰等。转速的稳定性取决于被测微小电机本身,磁力的相互干扰可以采用加大圆盘直径、屏蔽等方法解决。由于圆盘是测量所必需的,因此首先要清楚圆盘转动惯量对测试结果的影响,从而进一步对仪器的输出力矩精度进行分析。

假设被测电动机转动部分的转动惯量为 I_0,角加速度为 ε_0,圆盘转动惯量为 I_1,被测电机的输出力矩为 T,加上铝盘后角加速度为 ε_1,则

$$T = I_0 \varepsilon_0 = (I_1 + I_0)\varepsilon_1 \tag{6.13}$$

故

$$\varepsilon_1 = \frac{\varepsilon_0}{1 + \dfrac{I_1}{I_2}} \tag{6.14}$$

可见,加圆盘后被测电机的角加速度减小了,因而启动到某一个转速的时间变长了。由式(6.14)可知,当 $I_1 \gg I_0$ 时,ε_1 趋近于零,此时电机将无法启动。因此,圆盘的选择非常重要,对于同等质量的圆盘,直径太小,电磁干扰严重;直径太大,转动惯量较大。所以,要协调圆盘和制动磁极的参数,以适应不同输出力矩的微小电动机测量。如果忽略摩擦力和动不平衡,则圆盘只影响启动时间,不影响测量的精确性。但是,当电动机轴承的支承刚度相对于圆盘的自重较小时,该质量将造成电动机轴与轴

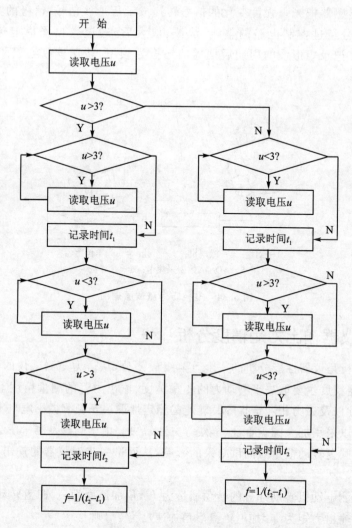

图 6.35 转速读取流程图

承接触状况发生改变,同时也会改变轴承的受力状态,摩擦力便不能忽略,计算被测电动机的空载输出力矩时应加上这部分摩擦力矩。

假定不考虑磁力干扰和转速的不稳定性并把圆盘的质量和惯性力矩作为校正因素,被测电动机的输出转矩应等于制动力和制动力臂的乘积,即

$$T = FL \tag{6.15}$$

依据误差理论与精度分析的相关内容,把力矩 T 对 F 和 L 分别求偏导得

$$\frac{\partial M}{\partial F} = L \tag{6.16}$$

$$\frac{\partial M}{\partial L} = F \tag{6.17}$$

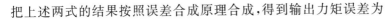

把上述两式的结果按照误差合成原理合成,得到输出力矩误差为

$$\Delta M = \sqrt{\left(\frac{\partial M}{\partial F}\right)^2 \Delta F^2 + \left(\frac{\partial M}{\partial L}\right)^2 \Delta L^2} = \sqrt{L^2 \times \Delta F^2 + F^2 \times \Delta L^2} \quad (6.18)$$

由式(6.18)可知,测试仪输出力矩误差主要由制动力误差 ΔF 和输出力臂误差 ΔL 两部分组成。

(1) 制动力误差 ΔF 及其相对误差 Δf 的计算

由微力矩测试仪的测试原理可知,仪器制动力是由电子天平读取的,因此电子天平的读数误差就是制动力误差。电子天平读数的误差源主要由电子天平灵敏度 Δf_1、读数稳定性误差 Δf_2、制动力作用点与传递点不重合造成的误差 Δf_3 组成。如果被测电机只能垂直放置,则还应加上杠杆传递力的误差 Δf_4。根据误差合成原理可知制动力误差值为

$$\Delta F = \sqrt{\Delta f_1^2 + \Delta f_2^2 + \Delta f_3^2 + \Delta f_4^2} \quad (6.19)$$

式中:$\Delta f_1 = 0.01$ mg,$\Delta f_2 = 0.03$ mg,$\Delta f_4 = 0.01$ mg。

以上 3 种误差都是由于设备或者仪器本身制作误差造成的,可以确定下来。而当制动力 F 远小于制动器和支架的重量时可以认为 Δf_3 趋近于零,于是把以上 3 种误差值代入式(6.19)中得到电子天平读数误差为 $\Delta F \approx 0.033$ mg。

同样,可以求得测试中制动力相对误差 Δf 的表达式为

$$\Delta f = \frac{\Delta F}{F} = \sqrt{\frac{\Delta f_1^2 + \Delta f_2^2 + \Delta f_3^2 + \Delta f_4^2}{F}} = \sqrt{\left(\frac{\Delta f_1}{F}\right)^2 + \left(\frac{\Delta f_2}{F}\right)^2 + \left(\frac{\Delta f_3}{F}\right)^2 + \left(\frac{\Delta f_4}{F}\right)^2}$$

$$(6.20)$$

由式(6.20)可以看出,制动力的相对误差为各个相对误差分量的合成。

(2) 制动力臂误差 ΔL 及其相对测量误差 Δl 的计算

微力矩测试仪在测试过程中制动力臂 L 可以是已知的,此时制动力臂的误差为零。但很多情况下,铝盘的制动力臂未知,制动力臂未知的情况可由式(6.12)得到,即

$$L = L_2 = L_1 \pm \Delta L = \frac{F_2 \Delta L}{|F_1 - F_2|} \pm \Delta L \quad (6.21)$$

ΔL 正负的选取与前面相同。为分析方便,不妨取 ΔL 前面的符号为正号,即

$$L = L_1 + \Delta L = \frac{F_2 \Delta L}{F_1 - F_2} + \Delta L = \frac{F_1 \Delta L}{F_1 - F_2} \quad (6.22)$$

取负号时的分析情况与正号时完全相同。于是,根据误差理论中的误差合成方法可知

$$\Delta L = \Delta L_2 = \sqrt{\left(\frac{\partial L_2}{\partial F_1}\right)^2 \Delta F_1^2 + \left(\frac{\partial L_2}{\partial F_2}\right)^2 \Delta F_2^2 + \left(\frac{\partial L_2}{\partial L}\right)^2 \Delta L^2} \quad (6.23)$$

式中:

$$\frac{\partial L_2}{\partial F_1} = \frac{F_2 \Delta L}{(F_1 - F_2)^2} \tag{6.24}$$

$$\frac{\partial L_2}{\partial F_2} = \frac{F_1 \Delta L}{(F_1 - F_2)^2} \tag{6.25}$$

$$\frac{\partial L_2}{\partial L} = \frac{F_1}{F_1 - F_2} \tag{6.26}$$

把式(6.24)～式(6.26)代入式(6.23)得到 ΔL 的最终表达式为

$$
\begin{aligned}
\Delta L &= \sqrt{\left(\frac{\partial L_2}{\partial F_1}\right)^2 \Delta F_1^2 + \left(\frac{\partial L_2}{\partial F_2}\right)^2 \Delta F_2^2 + \left(\frac{\partial L_2}{\partial L}\right)^2 \Delta L^2} \\
&= \sqrt{\left[\frac{F_2 \Delta L}{(F_1 - F_2)^2}\right]^2 \Delta F_1^2 + \left[\frac{F_1 \Delta L}{(F_1 - F_2)^2}\right]^2 \Delta F_2^2 + \left(\frac{F_1}{F_1 - F_2}\right)^2 \Delta L^2} \\
&= \frac{1}{(F_1 - F_2)^2} \sqrt{F_2^2 \Delta L^2 \Delta F_1^2 + F_1^2 \Delta L^2 \Delta F_2^2 + [F_1(F_1 - F_2)]^2 \Delta L^2}
\end{aligned}
\tag{6.27}
$$

把式(6.27)代入式(6.18)得输出力矩的测量误差公式为

$$
\begin{aligned}
\Delta M &= \sqrt{\left(\frac{\partial M}{\partial F}\right)^2 \Delta F^2 + \left(\frac{\partial M}{\partial L}\right)^2 \Delta L^2} = \sqrt{L^2 \times \Delta F^2 + F^2 \times \Delta L^2} \\
&= \frac{1}{(F_1 - F_2)^2} \sqrt{F_1^2 \Delta L^2 (F_1 - F_2)^2 \Delta F^2 + F^2 \left[F_2^2 \Delta L^2 \Delta F_1^2 + F_1^2 \Delta L^2 \Delta F_2^2 + F_1^2 (F_1 - F_2)^2 \Delta L^2\right]}
\end{aligned}
$$

由于 $\Delta F_1 = \Delta F_2 = \Delta F$，则上式变为

$$
\begin{aligned}
\Delta M &= \frac{1}{(F_1 - F_2)^2} \sqrt{F_1^2 \Delta L^2 (F_1 - F_2)^2 \Delta F^2 + F^2 \left[F_2^2 \Delta L^2 \Delta F^2 + F_1^2 \Delta L^2 \Delta F^2 + F_1^2 (F_1 - F_2)^2 \Delta L^2\right]} \\
&= \frac{1}{(F_1 - F_2)^2} \sqrt{\left[F_1^2 (F_1 - F_2)^2 + (F_1^2 + F_2^2) F^2\right] \Delta L^2 \Delta F^2 + F^2 F_1^2 (F_1 - F_2)^2 \Delta L^2}
\end{aligned}
\tag{6.28}
$$

于是得到输出力矩的相对误差 Δm 为

$$\Delta m = \frac{\Delta M}{M} = \frac{\Delta M}{FL} = \sqrt{\left[\frac{1}{F^2} + \frac{F_2^2 + F_1^2}{F_1^2 (F_1 - F_2)^2}\right] \Delta F^2 + \left(\frac{\Delta L}{L}\right)^2} \tag{6.29}$$

6.5.5　电磁型平面微电机转速–输出力矩关系测试

把微力矩测试仪装配完后,固定电磁型平面微电机,然后对该电机接通 3 V 驱动电压,测得一组输出力矩–转速相关数据,如表 6.3 所列。

取坐标系 x 轴数据代表电机转速,y 轴数据代表电机输出力矩,在坐标系中画出一系列与电机转速和输出力矩值相对应的点,连接各点得到的曲线如图 6.36 中的曲线 1 所示。由图可以看出,两者之间近似为直线关系,如图 6.36 中的直线 2 所示。

表 6.3　　输出力矩-转速测试数据表

测量次数	转速/(r·min⁻¹)	输出力矩/(μN·m)	测量次数	转速/(r·min⁻¹)	输出力矩/(μN·m)
1	1 000	367.5	9	2 600	310.0
2	1 200	365.0	10	2 800	300.0
3	1 400	360.0	11	3 000	295.0
4	1 600	350.0	12	3 200	287.5
5	1 800	345.0	13	3 400	282.5
6	2 000	337.5	14	3 600	272.5
7	2 200	330.0	15	3 800	262.5
8	2 400	317.5	16	4 000	260.0

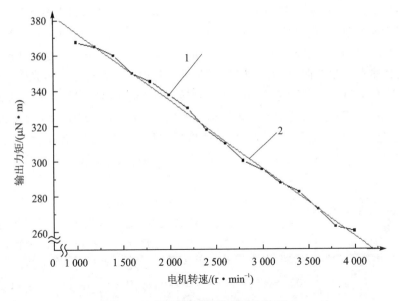

图 6.36　电机转速-输出力矩关系图

6.5.6　输出力矩-转速关系的最小二乘法合成

　　由图 6.36 中的曲线 1 可知,电磁型平面微电机的输出力矩-转速关系曲线近似为一条直线,利用最小二乘法对直线进行拟合就可以得到两者间的线性关系方程。设微电机输出力矩 T 与转速 n 之间的直线关系方程为

$$T = a + bn \qquad (6.30)$$

式中:a、b 为直线方程中的系数。

　　依据最小二乘法,得到的直线方程为

$$T = -0.038\ 4\ n + 411.25 \qquad\qquad (6.31)$$

6.6 微小形貌测试方法

　　MEMS 的典型特征之一就是其功能尺寸在微米量级,其待测试力一般在微牛甚至纳牛量级,采用常规的测试方法对其形貌及力学特性进行测试就显得比较困难。尤其在对器件表面形貌进行测试以评估其加工效果时,常规的测试设备就显得更为困难。因此,需要专门的测试设备对其性能进行测试。本节主要介绍了一种最常用的对微小力及表面形貌测试的设备——AFM。

　　AFM 是目前国内外最常用的对器件表面形貌及微小力进行测试的设备。该设备对摩擦数据的提取主要采用了激光束的偏转法,其测试原理图如图 6.37 所示。测试过程中被测试样品与 AFM 的针尖形成一对接触副。AFM 的针尖安装在一个对微弱力极敏感的 V 形微悬臂上,微悬臂的另一端固定。通过调节样品台的位置,使针尖趋近样品表面(距离接近于原子半径)。于是,在样品表面和针尖间产生范德华力,然后使针尖轻轻在样品表面滑动,滑动过程中其顶端原子与样品表面原子间的作用力会使悬臂产生弯曲,偏离原来的位置,偏离量的大小可通过一对光电二极管测量出来。最后通过将微悬臂弯曲的形变信号转换成光电信号并进行放大,便得到表面形貌的数据。相对于其他形式的表面形貌测试,该方法可实现纳米量级的形貌测试。同时,通过计算相对位移与悬臂梁针尖刚度的乘积,便可得到待测微力的大小。对于该测试设备来说,其核心敏感元件就是镀金材料的针尖,其制作采用了 MEMS 腐蚀及电镀工艺。

光电二极管
激光器
微悬臂

图 6.37　AFM 进行摩擦学测试原理

　　在微机电系统中,不同的表面形貌及测量条件(如测试温度、空气湿度等)会产生完全不同的测试结果。因此,测试过程中要记录特定的温度、湿度等条件并需要严格与外界噪声隔离。测试过程中针尖扫描范围为 $5\ \mu m \times 5\ \mu m$,针尖沿 x、y 方向采集的数据点的个数都是 256,共得到采集数据 65 536 个。可通过相关数据处理,还原得到相关表面形貌并可得到所有的相关数据。图 5.25 和图 5.26 给出了两组典型的 MEMS 器件表面形貌测试结果(器件上表面和侧面)。利用 AFM 自带的处理软件,可以得到每一个测试点所在位置的坐标以及与该坐标对应的高度值。利用 MATLAB 软件,通过编制对采集的表面形貌高度数据进行处理的软件,可对其形貌进行计算。具体各指标计算方法见 5.2.3 小节中的"4 测试结果及数据分析"。

6.7　小　结

本章以 MEMS 测试技术为目标,详细介绍了加速度、角速度、压力、微力矩、表面形貌以及微小力的测试原理、相关理论以及发展现状,并对其中的数学模型进行了介绍。

参考文献

[1] 何铁春,周世勤. 惯性导航加速度计[M]. 北京:国防工业出版社,1983.

[2] 李宝章,袁干南. 加速度计浮子摆静平衡中的几个问题[J]. 船工科技,1977(4):13-21.

[3] 王光大. 振弦加速度计的分析与设计[J]. 自动化仪表,1985(1):7-10.

[4] 孙玉声,戴莲瑾. 石英挠性加速度计参数计算与误差项分析[J]. 振动与动态测试,1984(3):13-22.

[5] 丁衡高. 面向 21 世纪的军民两用技术微米/纳米技术[J]. 仪器仪表学报,1995,16(1):1-7.

[6] Zimmermann L,Ebrsohl J P. Airbag Application:a microsystem including a silicon capacitive accelerometer,COMS switched capacitor electronics and true self-test capability [J]. Sensors and Actuators A,1995,46:190-195.

[7] Harvey Weinberg. MEMS 运动传感器在移动电话中的应用[J]. 电子产品世界,2006(10):75-77.

[8] 钱朋安,葛运建,唐毅. 加速度计在人体运动检测中的应用[C]//计算机技术与应用发展. 全国第 16 届计算机科学与技术应用(CACIS)学术会议论文集,合肥:2004:632-636.

[9] 郑立,蔡萍. 人体跌倒监测方法及装置设计[J]. 中国医疗器械杂志,2009,33(2):99-102.

[10] Willis J,Jimerson B D. A piezoelectric accelerometer [J]. Proc. IEEE,1964,52(7):871-872.

[11] Satchell D W,Greenwood J C. A thermally-excited silicon accelerometer [J]. Sensors Actuators,1989(17):241-245.

[12] Chang C S,Putty M W. Resonant-bridge two-axismiroaccelerometer[J]. Sensors and Actuators A,1990(21-23):342-345.

[13] Cheshmehdoost A,Jones B E,Oconnor B. Characteristics of a force Transducer Incorporating a Mechanical DETF Resonator [J]. Sensors and Actuators A,1991(25-27):307-312.

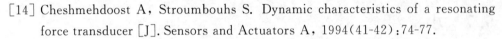

[14] Cheshmehdoost A，Stroumbouhs S. Dynamic characteristics of a resonating force transducer [J]. Sensors and Actuators A，1994(41-42)：74-77.

[15] Cheshmehdoost A，Jones B E. Design and performance characteristics of an integrated high-capacity DETF-based force sensor [J]. Sensors and Actuators A，1996(52)：99-102.

[16] Well H. RBA500 datasheet[EB/OL]. [2020-9-30]. https：//aero1. honey-well. com/inertsensor/docs/rba500. pdf，Aug.

[17] Barbour N，Schmidt G. Inertial sensor technology trends[J]. IEEE Sensors Journal，2001，V4(1)：146-151.

[18] Ohwada K，Mochida Y，Kawai H. Micromachined Silicon Gyroscope[J]. Sensors Update，1999，V6(1)：95-116.

[19] Stephane D，Dick D，Tony M，et al. MEMS Gyro for Space Applications Overview of European Activities[C]// AIAA Guidance，Navigation，and Control Conference. San Francisco，2005：6232-6243.

[20] Najafi K，Junseok C，Haluk K，et al. Micromachined Silicon accelerometers and Gyroscopes[C]// IEEE/RSJ International Conference on Intelligent Robots and Systems，Las Vegas，2003：2353-2358.

[21] Greiff P，Boxenhorn B，King T，et al. Silicon monolithic micromechanical gyroscope[C]// Technical Digest of the 6th International Conference on Solid-State Sensors and Actuators (Transducers 191)，San Francisco，1991：966-968.

[22] Bernstein J，Cho S King A T，et al. A Micromachined Comb-Drive Tuning Fork Rate Gyroscope[C]// Proc. IEEE Micro Electro Mechanical Systems Workshop (MEMS'93)，Fort Lauderdale，1993：143-148.

[23] Weinberg M，Bernstein J，Cho S，et al. A Micromachined Comb-Drive Tuning Fork Gyroscope for Commercial Applications[C]// Proc. Sensor Expo，1994：187-193.

[24] Hopkin I D. Vibrating gyroscopes (automotive sensors)[C]// IEEE Colloquium on Automotive Sensors，Digest No. 1994/170，Solihull，1994：1-4.

[25] Tanaka K，Mochida Y，Sugimoto M，et al. A Micromachined Vibrating Gyroscope[J]. Sensors and Actuators，A：Physical，1995，V50(2)：111-115.

[26] Tanaka K，Mochida Y，Sugimoto S，et al. A micromachined vibrating gyroscope[C]// Proc. ，Eighth IEEE Int. Conf. on Micro Electro Mechanical System (MEMS'95)，Amsterdam，1995：278-281.

[27] Clark W A，Howe R T，Horowitz R. Surface micromachined Z-axis vibratory rate gyroscope[C]//Technical Digest，Solid-State Sensor and Actuator Work-

shop，Hilton Head Island，SC，1996：283-287.

[28] Juneau T，Pisano A P，Smith J H. Dual axis operation of a micromachined rate gyroscope[C]//Proc. International Conference on Solid-State Sensors and Actuators，Transducers '97，Chicago，1997：883-886.

[29] Oh Y，Lee B，Baek S，et al. A surface micromachined tunable vibratory gyroscope[C]//Proc. IEEE Micro Electro Mechanical System Workshop（MEMS'97），Japan，1997：272-277.

[30] Lutz M，Golderer W，Gerstenmeier J，et al. A precision yaw rate sensor in silicon micromachining[C]// Proc. Ninth International Conference on Solid-State Sensors and Actuators，Transducers 1997，Chicago，1997：847-850.

[31] Mochida Y，Tamura M，Ohwada K. A micromachined vibrating rate gyroscope with independent beams for the drive and detection modes[C]//Proc.，Twelfth IEEE Int. Conf. on Micro Electro Mechanical Systems（MEMS'99），Orlando，1999：618-623.

[32] Mochida Y，Tamura M，Ohwada K. A Micromachined Vibrating Rate Gyroscope with Independent Beams for the Drive and Detection Modes[J]. Sensors and Actuators，A：Physical，2000，V80(2)：170-178.

[33] Geiger W，Butt W U，Gaisser A，et al. Decoupled microgyros and the design principle DAVED[J]. Sensors and Actuators，A：Physical，2002，V95(3)：239-249.

[34] Seshia A A，Howe R T，Montague s. An integrated microelectromechanical resonant output gyroscope[C]//The Fifteenth IEEE International Conference on Micro Electro Mechanical System，2002：722-726.

[35] Alper S E，Akin T. A Symmetric Surface Micromachined Gyroscope with Decoupled Oscillation Modes[J]. Sensors and Actuators，A：Physical，2002，V97(8)：347-358.

[36] Choi Byacng-Doo，Park Sangjun. The first sub-deg/hr bias stability，silicon-microfabricated gyroscope[C]//Proc. Digest of Technical Papers Solid-State Sensors，Actuators and Microsystems TRANSDUCERS '05，The 13th International Conference，2005：180-183.

[37] Lin P Q，Stern. Analysis of a correlation filter for thermal noise reduction in a MEMS gyroscope[C]// Proceedings of the 34th Southeastern Symposium on System Theory，2002：197-203.

[38] Wang C H，Huang X. Application of wavelet packet analysis in the de-noising of MEMS vibrating gyro[C]// Proceedings of the 2004 Position Location and Navigation Symposium，2004：129-132.

[39] Dong L, Leland R. The adaptive control system of a MEMS gyroscope with time-varying rotation rate[C]//Proceedings of the 2005 American Control Conference, 2005,5: 592-3597.

[40] Zheng Q, Dong L, Gao Z. Control and rotation rate estimation of vibrational MEMS gyroscopes[C]. 16th IEEE International Conference on Control Applications, 2007:118-123.

[41] Singwi K S, Udgaonkar B M. Piezoresistance effect in germanium and silicon[J]. Physical review, 1954, 94(1): 42-49.

[42] Greenwood J C. Etched silicon resonant sensor[J]. Journal of physics E: Scientific instruments, 1984, 17: 650-652.

[43] Greenwood J C. Miniature silicon resonant pressure sensor[J]. IEE Proceedings D on Control Theory and Applications, 1988, 135(5): 369-372.

[44] Petersen K, et al. Resonant beam pressure sensor fabricated with silicon fusion bonding[C]//International Conference on Solid-State Sensors and Actuators, San Francisco, Jun24-27, 1991: 664-667.

[45] Parsons P, Glendinning A, Angelidis D. Resonant sensors for high accuracy pressure measurement using silicon technology[J]. IEEE AES magazine, 1992: 45-48.

[46] Ikeda K, et al. There-dimensional micromachining of silicon pressure sensor integrates resonant strain gauge on diaphragm[J]. Sensors and actuators A, 1990, 21-23: 1007-1010.

[47] Saigusa T, Kuwayama H. Intelligent differential pressure transmitter using micro-resonators[C]//International Conference on Industrial Electronics, Control, Instrumentation, and Automation, Nov. 9-13, 1992, 3: 1634-1639.

[48] Ehrfeld N W, Schmitz F, et al. Design and realization of a penny-shaped micromotor[C]//Proceedings of the SPIE, 1999,36(80): 592-600.

[49] Gilles P A, Delamare J, Cugat O, et al. Design of a permanent magnet synchronous micromotor[C]//35th ISA annual meeting and world conference on industrial application of electrical energy, 2000: 223-227.

[50] Livermore C, Forte A R, Lyszczarz T, et al. A High-Power MEMS Electric Induction Motor [J]. Journal of Microelectromechanical System, 2004, 13(3):465-471.

[51] Mathiesont D, Robertsont B J, Beerschwingert U, et al. Micro torque measurement for a prototype turbine[J]. Journal of Micromechanics and microengineering,1994,4: 129-139 .

[52] Gass V, der Schoot B H V, Jeanneret S, et al. Micro-torque sensor based on

differential force measurement[C]// Proceedings of the IEEE Micro Electro Mechanical Systems,1994,4:241-244.

[53] Brenner W, Haddad G, Detter H, et al. The measurement of mini-motors and micromotors torque-characteristic using miniaturized cable brake[J]. Microsystem Technology, 1997: 68-71.

[54] Son D, Lim S J, Kim C S. Non-Contact Torque Sensor Using the Difference of Maximum Induction of Amorphous Cores[J]. IEEE TRANSACTIONS ON MAGNETICS, 1992, 28 (5): 2205-2207.

[55] Ota1 H, Ohara T, Karata Y,et al. Novel micro torque measurement method for microdevices[J]. Journal of Micromechanics and Microengineering, 2001, 11: 595-602.

[56] Ota H,Li L M, Takeda M, et al. Torque measurement method using air turbine for micro devices[C]//Proceedings of the IEEE Micro Electro Mechanical System (MEMS), 2000, 223-228.

第**7**章

有限元法在微机电器件设计中的应用实例

7.1 概 述

由于 MEMS 器件在设计、加工过程中存在加工周期较长、整体加工成本相对较高，以及批量加工时若某部分元件设计不合埋将导致所有器件都加工失败等问题，因此，对设计的结构性能进行预评估就显得非常重要了。而采用有限元技术，对设计机构的参数指标进行模拟仿真，在加工前找到设计中存在的不足之处，并提出合理建议，是比较有效的方法之一。

目前，国际上比较常用的有限元软件包括 Ansys、Ideas、Conventorware 和 IntelliSuite 等。其中，Ansys 作为较早商用化的用于 MEMS 有限元分析的软件，可有效进行结构的力学、热学、电磁学、流体分析以及多物理场耦合分析等，是很多研究单位主要的仿真工具。

本章以该软件为对象，结合大量工程实例，对其在 MEMS 仿真中的应用进行详细讲解。

7.2 软件中的重要概念

1. 单元类型（Element Types）

简单来说，单元类型在分析中的作用是告诉计算机，问题将以什么样的单元模型来分析，也就是在对结构无限细分时最小的单元是什么样的，是三维结构单元还是二维单元或一维结构单元（具体的单元类型分类可以参考有限元方面的参考资料）。单元类型包括 0 - D 的质点及空隙等单元、1 - D 的梁及柱等单元、2 - D 的板及壳等单元、3 - D 的四面体及六面体等单元。软件中单元类型的添加方法为：选择 Preprocessor→Element Type→Add/Edit/Delete 菜单项,打开如图 7.1 所示的界面,然后添加即可。

2. 实例常量（Real Constants）

在结构三维建模过程中,很多时候为提高计算速度,把三维结构简化成二维结构或者一维结构进行分析。在该情况下,结构的实体模型中很多参数都是缺失的。为保障分析能够真实反映结构的情况,需要在软件中补充一些相关参数,该需求可以在软件的 Real Constants 中实现。例如在梁或桁架模型中,必须定义其截面尺寸;在膜或者板模型中,必须定义厚度。若截面特性未输入,则无法进行分析。

由于在三维结构的尺寸中已包括所有的参数信息,因此不必在 Real Constants 中定义相关参数。

图 7.1　单元类型添加界面

3. 材料属性（Material Properties）

在进行有限元分析前,必须定义材料的一些属性。一般地,材料属性部分须定义的参数包括弹性模量 EX 及 EY、剪切模量 GXY、泊松比 NUXY、热膨胀系数、密度等。对于热分析、电磁分析、压电分析等,还需要输入一些参数,例如热传导率、电阻系数、介电常数等。一般地,当材料一定时,该参数为常数。而在塑形分析中,还需要输入材料属性曲线,例如弹性模量随温度的变化曲线等。在渐变分析中,则需要输入材料的时间曲线。若进行振动分析,则需要输入材料密度。

在利用 Ansys 软件进行 MEMS 器件分析的过程中,由于是无量纲输入,计算结果由输入的材料参数决定。当输入的尺寸单位为标准国际单位,即 m 时,其他参数如弹性模量为 Pa,密度为 kg/m^3;当其他的也遵循国际单位时,计算得到的结果也都是标准国际单位。例如,位移结果单位为 m,力单位为 N,应力单位为 Pa 等。而在数值以 μm 为单位进行分析时,对应材料属性及计算结果如表 7.1 所列。

表 7.1　材料属性表

参　数	尺　寸	弹性模量	密度	位移	力	频率
单　位	μm	MPa	$kg/\mu m^3$	μm	μN	Hz

4. 约束（Constraints）

约束是定义一个结构固定部分的方法。在分析一个结构前,必须适当定义边界条件（Boundary Condition,BC）。在结构分析中,定义边界条件为 x、y、z 三个方向的位移。不同分析类型的约束条件也不同,例如温度分析中的温度、电磁分析中的电压等都可作为约束。

5. 载荷（Loads）

载荷在有限元分析过程中指的是施加到待分析结构上的载荷。"载荷"是一个广义的概念，不只是通常力学分析中所涉及的力、压力、加速度、应力等，还包括很多广义的参数，例如热分析中的温度、电磁分析中的电压等，也被称为载荷。

7.3 Ansys 软件界面介绍

Ansys 操作界面如图 7.2 所示，其主要包括三部分：主菜单（main menu）、实用菜单（utility menu）、输入窗口（input window）、工具条（toolbar）、输出窗口（sketch output window）等。

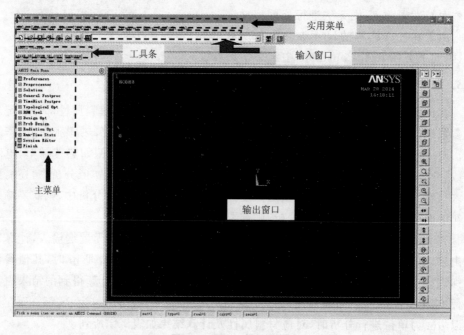

图 7.2 Ansys 操作界面

各窗口功能介绍如下：

① 实用菜单：Ansys 主应用菜单，主要执行 Ansys 诸如文件操作、选择、图形控制以及建立参数等操作，共包括 File（文件）、Select（选择）、List（列表）、Plot（图形）、PlotCtrls（图形控制）、WorkPlane（工作平面）、Parameters（参数设置）、Macro（宏设置）、MenuCtrls（菜单设置）、Help（在线帮助）10 个菜单，其操作过程与 Windows 系统菜单类似。

② 输入窗口：在对 Ansys 软件的操作中，除了 GUI 外，还有命令流方式。该窗口用来输入命令行命令，在输入完命令或数据后按 Enter 键，命令或数据才被系统接收。此外，该窗口还可以显示 GUI 输入的提示信息以及浏览以前输入的命令。

③ 工具条：由一组执行 Ansys 通用命令的按钮组成，可以将常用命令制成工具条按钮以便调用。几个默认按钮分别为：SAVE_DB（保存数据）、RESUM_DB（数据恢复）、QUIT（退出）、POWRGRPH（定义图形显示的类型）、E-CAE（在线帮助）。

④ 图形输出：显示用户在 Ansys 中建立的模型或者由其他软件导入的图形，并且完成所有的图形拾取操作。此外，还可以在该窗口中显示网格、计算结果、云图、等值线等图形。

⑤ 输出窗口：显示所有对 Ansys 程序命令形成的文本输出以及警告、出错信息等。输出窗口通常位于其他窗口的后面，如果用户想查看 Ansys 的输出结果，可通过单击输出窗口使之显示在其他窗口的前面。特别是在进行非线性计算时，往往通过输出窗口来查看计算的进程和结果。

⑥ 主菜单：该窗口包含 Ansys 的主要功能，如前处理、求解和后处理。它共包含 12 个菜单项：Preferences（参数选择）、Preprocessor（前处理）、Solution（求解）、General Postprocessor（通用后处理）、TimeHist Postprocessor（时间历程后处理）、Topological（拓扑优化）、Design Opt（优化设计）、Probe Designing（探针设计）、Radiation OPT（辐射优化）、Run-Time Stats（运行时间估计）、Session Editor（会晤编辑）、Finish（停止）。

7.4　Ansys 中的坐标系

在具体建模之前，必须了解 Ansys 中坐标系和工作平面的概念，对各种坐标系的熟练使用会极大地方便用户。Ansys 中几种典型的坐标系介绍如下：

● 总体坐标系：定义几何形状参数如节点、关键点等的空间位置；

● 局部坐标系：自定义坐标系，作用同总体坐标系；

● 节点坐标系：定义每个节点的自由度方向和节点结果数据；

● 显示坐标系：用于几何形状参数的列表和显示；

● 单元坐标系：确定材料特性主轴和单元结果数据的方向；

● 结果坐标系：在通用后处理操作中，可以利用它将节点或单元结果从一个坐标系转换到另一个特定的坐标系中。

尽管 Ansys 有多种坐标系，并且用户可以定义多个坐标系，但同一时刻只能有一个坐标系被激活。系统总是首先激活笛卡儿坐标系，如果用户定义了新的局部坐标系，该新坐标系就被系统自动激活。

Ansys 在程序运行的任意时刻都可以激活任意一个坐标系，如果没有明确改变已激活的坐标系，则当前激活的坐标系将一直保持有效。

采用下列方法可以激活坐标系：

GUI：

选择 Utility Menu→WorkPlane→Change Active CS to→Global Cartesian 菜

单项；

选择 Utility Menu→WorkPlane→Change Active CS to→Global Cylindrical 菜单项

选择 Utility Menu→WorkPlane→Change Active CS to→Global Cylindrical Y 菜单项；

选择 Utility Menu→WorkPlane→Change Active CS to→Global Spherical 菜单项；

选择 Utility Menu→WorkPlane→Change Active CS to→Specified Coord Sys… 菜单项；

选择 Utility Menu→WorkPlane→Change Active CS to→Working Plane 菜单项。

在定义节点或关键点时，不管当前哪个坐标系被激活，程序都将坐标显示为 X、Y、Z，如果当前坐标系不是笛卡儿坐标系，则用户应将 X、Y、Z 理解为柱坐标系中的 R、θ、Z 或球坐标系中的 R、θ、Φ。

坐标系的详细介绍及其操作方法如下：

（1）总体坐标系

总体坐标系用来确定空间几何结构的位置，这是一个绝对参考系，为所有坐标系提供一个参考点。Ansys 中有 3 种坐标系可供选择（笛卡儿坐标系、柱坐标系和球坐标系），并且都是右手系，具有共同的原点。在定义一个关键点或节点时，一般用笛卡儿坐标系比较方便，但对于有弧线的结构，这时采用柱坐标系或者球坐标系比较方便。在 Ansys 中，这 3 种坐标系通过序号识别：0 表示笛卡儿坐标系，1 表示柱坐标系，2 表示球坐标系。

无论采用何种坐标系，如欲回到总体坐标系，操作如下：

选择 Utility Menu→WorkPlane→Change Active CS to→Global Cartesian 菜单项；

选择 Utility Menu→WorkPlane→Change Active CS to→Global Cylindrical 菜单项；

选择 Utility Menu→WorkPlane→Change Active CS to→Global Cylindrical Y 菜单项；

选择 Utility Menu→WorkPlane→Change Active CS to→Global Spherical 菜单项。

（2）局部坐标系

在 Ansys 中，局部坐标系主要用于对图形进行复制、粘贴、镜像等操作。一般地，图形的复制、粘贴、镜像过程以通用坐标系为默认工作坐标系，因此，在上述操作过程中会出现结果不符合自己想象要求的情况。所以，一般操作中需要建立需要的局部坐标系，并把当前工作坐标系定义为该局部坐标系，这样复制、粘贴操作就会按照预想实现了。

1）总体笛卡儿坐标定义局部坐标系

GUI：选择 Utility Menu→WorkPlane→Local Coordinate Systems→Create Local CS→At Specified Loc 菜单项。

2）通过已有节点定义局部坐标系

GUI：选择 Utility Menu→WorkPlane→Local Coordinate Systems→Create Local CS→By 3 Nodes 菜单项。

3）通过已有关键点定义局部坐标系

GUI：选择 Utility Menu→WorkPlane→Local Coordinate Systems→Create Local CS→By 3 Keypoints 菜单项。

4）以当前定义的工作平面的原点为中心定义局部坐标系

GUI：选择 Utility Menu→WorkPlane→Local Coordinate Systems→Create Local CS→At WP Origin 菜单项。

（3）工作平面

工作平面（Working Plane，WP）是一个可移动的参考平面，相当于一个虚拟的绘图板，所有的实体模型必须在这个工作平面上生成。

尽管光标在屏幕上只表现为一个点，但它实际上代表的是空间中垂直于面的一条线。为了能用光标拾取一个点，必须要用一个假想的平面与该直线相交，这样才能唯一地确定空间中的一个点。这个假想的平面就是工作平面。从另一种角度想象光标与工作平面的关系，可以描述为光标就像点一样在工作平面上来回游荡。因此，工作平面就如同可以在上面写字的平板一样，其可以不平行于显示屏。

进入 Ansys 后，系统有一个默认的工作平面，即总体笛卡儿坐标系（直角坐标系）的 $X - Y$ 平面。该坐标系的 X 轴和 Y 轴分别为工作平面的 WX 轴和 WY 轴。

1）控制工作平面的显示和风格

要显示工作平面的状态，包括位置、方向和增量，可以用以下方法：

GUI：选择 Utility Menu→List→Status→Working Plane 菜单项。

命令：WPSTYL，STAT。

要恢复工作平面的默认设置，可以使用命令：WPSTYL，DEFA。

2）定义一个新的工作平面

用户可利用下列 4 种方法之一定义一个新的工作平面。

① 由 3 点定义一个工作平面，或将过一指定点并垂直于视向量的平面定义为工作平面，操作如下：

GUI：

选择 Utility Menu→WorkPlane→Align WP with→XYZ Locations 菜单项。

命令：WPLANE。

② 由 3 个关键点定义一个工作平面，或将过一指定关键点并垂直于视向量的平

面定义为工作平面,操作如下:

GUI:

选择 Utility Menu→WorkPlane→Align WP with→Keypoints 菜单项。

命令:KWPLANE。

③ 将过一指定线上的点并垂直于视向量的平面定义为工作平面,操作如下:

GUI:

选择 Utility Menu→WorkPlane→Align WP with→Plane Normal to Line 菜单项。

命令:LWPLANE。

④ 将通过现有坐标系的 $X-Y$(或 $R-\theta$)的平面定义为工作平面,操作如下:

GUI:

选择 Utility Menu→WorkPlane→Align WP with→Active Coord Sys 菜单项;

选择 Utility Menu→WorkPlane→Align WP with→Global Cartesian 菜单项;

选择 Utility Menu→WorkPlane→Align WP with→Specified Coord Sys... 菜单项。

命令:WPCSYS。

(4) 移动和旋转工作平面

在有限元软件中,工作平面的默认位置与通用坐标系相重合,但在对结构进行三维建模的过程中,需要不断地移动工作平面以便进行三维建模。同时,在三维建模的过程中还需要对其进行旋转,以便对不规则结构进行操作。对工作平面进行平移以及旋转的操作如下:

① 将工作平面的原点移动到关键点的中间位置,操作如下:

GUI:

选择 Utility Menu→WorkPlane→Offset WP to→Keypoints 菜单项。

命令:KWPAVE。

② 将工作平面的原点移动到节点的中间位置,操作如下:

GUI:

选择 Utility Menu→WorkPlane→Offset WP to→Nodes 菜单项。

命令:NWPAVE。

③ 将工作平面的原点移动到指定点的中间位置,操作如下:

GUI:

选择 Utility Menu→WorkPlane→Offset WP to→Global Origin 菜单项。

选择 Utility Menu→WorkPlane→Offset WP to→Origin of Active CS 菜单项。

选择 Utility Menu→WorkPlane→Offset WP to→XYZ Locations 菜单项。

命令:WPAVE。

④ 以增量方式偏移工作平面,操作如下:

GUI：

选择 Utility Menu→WorkPlane→Offset WP by Increments 菜单项。

命令：WPOFFS。

⑤ 旋转工作平面，操作如下：

GUI：

选择 Utility Menu→WorkPlane→Offset WP by Increments 菜单项。

命令：WPROTA。

用 WPSTYL 命令或 GUI 方法可以增强工作平面的功能，使其具有捕捉增量、显示栅格、恢复容差和坐标类型的功能，并且还可以使用户的坐标系随工作平面的移动而移动。操作如下：

GUI：

选择 Utility Menu→WorkPlane→Change Active CS to→Global Cartesian 菜单项。

命令：CSYS。

(5) 还原已定义的工作平面

在 Ansys 中，工作平面不能储存。不过，用户可以通过在工作平面的原点创建局部坐标系来还原已定义的工作平面。

① 在工作平面的原点创建局部坐标系，操作如下：

GUI：

选择 Utility Menu→WorkPlane→Local Coordinate Systems→Create Local CS→At WP Origin 菜单项。

命令：CSWPLA。

② 利用局部坐标系还原一个已定义的工作平面，操作如下：

GUI：

选择 Utility Menu→WorkPlane→Align WP with→Active Coord Sys 菜单项；

选择 Utility Menu→WorkPlane→Align WP with→Global Cartesian 菜单项；

选择 Utility Menu→WorkPlane→Align WP with→Specified Coord Sys 菜单项。

命令：WPCSYS。

7.5　工程实例

本节以 MEMS 中最常用的单晶硅材料为基础，以其中最常用的元件包括单端固支梁、双端固支梁、梳齿电容驱动器、膜片等为分析对象，进行实际工程应用分析，包括静态分析、模态分析、谐响应分析、疲劳分析等，并对计算过程中的相关技巧进行详细解释。

7.5.1 单端固支梁静态分析

1. 硅材料静力分析

单端固支梁在 MEMS 中的应用非常广泛,包括 AFM、各种力传感器等,这里以单端固支梁为实例,对其相关重要操作进行讲解。

(1) 操作实例

图 7.3 所示为一基于单晶硅材料的 MEMS 单端固支梁(左端固定)结构图,其长度为 100 μm,宽度为 10 μm,厚为 4 μm。当在其右侧边缘中间位置(见图 7.3)施加一竖直向下 20 μN 的集中力时,计算:

① 梁最右端的位移;

② 梁上表面中线处沿梁的应力分布。

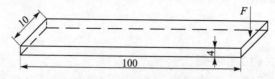

图 7.3 单端固支梁结构图

单晶硅机械特性参数:弹性模量 169 GPa,泊松比 0.25,密度 2 330 kg/m^3。

说明:尺寸单位为微米,建议建模过程中所有的材料属性都按照此单位进行建模。

(2) 计算步骤

1) 前处理

① 添加单元类型。

选择 Preprocessor→Element Type→Add/Edit/Delete→Add→Solid→Brick 8 Node 45→close 菜单项,添加为 Solid45 单元。

② 添加材料属性。

选择 Preprocessor→Material Props→Material Models 菜单项,打开如图 7.4 所示的界面。

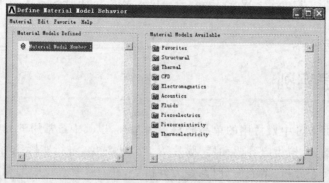

图 7.4 材料属性图

选择 Structural→linear→Elastic→Isotropic,打开材料属性界面,如图 7.5 所示,在相应文本框中输入与微米单位对应的弹性模量和泊松比。

同样地,选择 Structural→desity 设置密度信息,如图 7.6 所示。

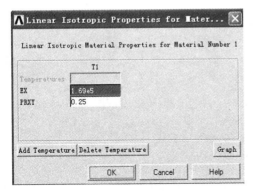

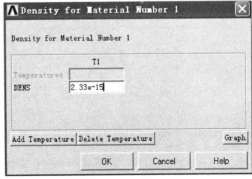

图 7.5 材料属性界面   图 7.6 密度参数

③ 建模。

选择 Preprocessor→Modelling→Create→Volumes→Block→By Dimension 菜单项,设置单端固支梁的相应参数,如图 7.7 所示。模型如图 7.8 所示。

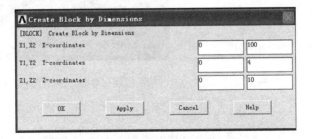

图 7.7 设置单端固支梁模型的相应参数

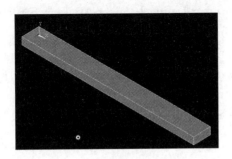

图 7.8 单端固支梁模型

④ 划分网格。

选择 Preprocessor→Meshing→MeshTool 菜单项,进入如图 7.9 所示的操作界

面,然后选择 Global→Set→Element Edge Length,输入"0.5";接着选择 Shape→Hex→Sweep,扫略生成网格,如图 7.10 所示。

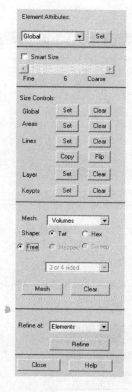

图 7.9　网格界面　　　　　图 7.10　单端固支梁网格模型

2) 处　理

① 设置分析类型:通过选择 Solution→Analysis Type→New Analysis→Static 完成。

② 施加约束:Solution→Define Loads→Apply→ Structrual→Displacement→On Areas,然后选择最左面端面,选择 All DOFs,设置为 0。

③ 添加集中载荷:选择 Solution→Define Loads→Apply→ Structrual→Force/Movement→On Nodes,然后选择上端面中点处,方向为 y 向向下,大小为 20 μN,得到的载荷图如图 7.11 所示。

④ 计算:通过选择 Solution→Solve→Current LS 完成。

3) 后处理

① 查看应力分布。

选择 General Postproc→Plot Results→Contour Plot→Nodal Solution,打开如图 7.12 所示的界面,选择等效应力计算项,然后单击 OK 按钮。

图 7.11　载荷图

得到梁的应力分布图,如图 7.13 所示,由图可知,其应力最大值为 249 MPa,在集中力作用点处。

图 7.12　选择等效应力计算项

② 查看集中力作用下的梁变形图。

选择 General Postproc→Plot Results→Deformed Shape,然后选择 Def+Undef Edge,单击 OK 按钮,得到的变形图如图 7.14 所示,最大值为 0.738 μm。

③ 查看梁的应力分布数据。

选择 General Postproc→List results→Contour Plot→Nodal Solution,然后选择应力数据即可。

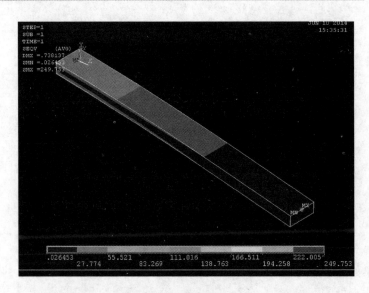

图 7.13　梁的应力分布图

图 7.14　梁位移变形图

很多种情况下,进行有限元分析是为了能够很好地看清楚其参数如应力、位移等沿着梁的分布情况,需要用曲线表示,该要求可用路径操作的方法实现,操作步骤如下:

第一步:建立路径。

选择 General Postproc→PathOperation→Define Path→By Nodes,然后选择上表面两端的中点,如图 7.15 所示。选择完成后,给路径命名为"GUO"。

图 7.15　建立路径(1)

第二步:调用路径。

路径可以定义很多,如欲对其中一个路径进行调用操作,可通过选择 General Postproc→Path Operation→Recall Paths 来选择需要的路径,如图 7.16 所示。

第三步:在路径上添加需要计算的参数(应力、位移等)

选择 General Postproc→Path Operation→Map Onto Path,得到如图 7.17 所示的界面,为要显示的项目命名,并读取等效应力。

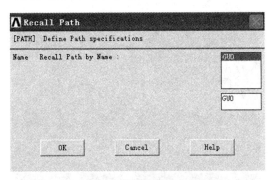

图 7.16　调用路径(1)

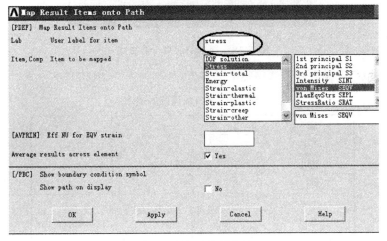

图 7.17　参数读取操作界面

第四步：在路径上显示要计算的参数曲线。

选择 General Postproc→Path Operation→Plot Path Item→On Graph，按照需求选取相应的数据，如图 7.18 所示，单击 OK 按钮，得到应力分布曲线，如图 7.19 所示。

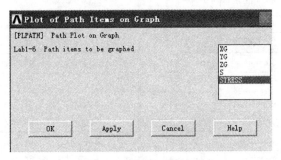

图 7.18　选取相应的数据

可见，最大应力分布在施加集中力的端部，然后应力急剧降低到最小点，随后逐渐增大，到根部时又恢复到最大值。为验证该结果，可采用列数据的方法，操作如下：

选择 General Postproc→Path Operation→Plot Path Item→List Path Items，然后选

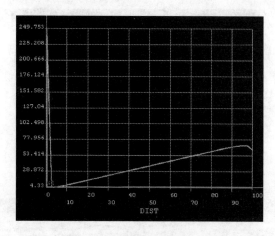

图 7.19 得到的应力分布曲线

择定义的显示项(应力),得到路径上的各点应力,如表 7.2 所列。

表 7.2 应力数值读取结果

S	ST	S	ST
0.0000	249.75	52.500	39.376
2.5000	4.622 7	55.000	41.251
5.000 0	4.330 2	57.500	43.126
7.500 0	5.830 5	60.000	45.001
10.000	7.581 0	62.500	46.876
12.500	9.408 4	65.000	48.750
15.000	11.256	67.500	50.625
17.500	13.132	70.000	52.500
20.000	15.004	72.500	54.374
22.500	16.878	75.000	56.247
25.000	18.752	77.500	58.118
27.500	20.627	80.000	59.982
30.000	22.501	82.500	61.833
32.500	24.376	85.000	63.652
35.000	26.251	87.500	65.399
37.500	28.126	90.000	66.985
40.000	30.001	92.500	68.248
42.500	31.876	95.000	68.994
45.000	33.751	97.500	69.286
47.500	35.626	100.00	62.764
50.000	37.501	—	—

表 7.2 中的 S 表示距离,ST 表示应力值。可见,应力最大值在集中力施加处,然后应力值突然减小,随着逐渐接近根部,应力值逐渐增大,在根部达到最大值。

2. 两种复合材料应力分布

很多情况下,MEMS 梁不是由同一种材料制成的,而是由两种或多种材料制成的,而多余材料会对原来悬臂梁的性能产生较大影响。由于两种材料的热膨胀系数不同,当温度发生变化时,两种材料之间会有内应力产生,进而使悬臂梁发生弯曲。在诸多传感器中,该效应往往容易被忽视,而按照单一材料的悬臂梁进行计算。因此,对其复合材料的计算显得尤为重要。而该种类型的单端固支梁计算方法与单一材料的单端固支梁在有限元分析方法上具有较大不同:首先,需要对材料分配属性;其次,一般通过采用 glue 命令把两种材料的结合面粘紧,以使两种材料在交界面处的各点具有相同的位移。

(1) 操作实例

图 7.20 所示为一基于硅衬底的单端固支梁形式的 MEMS 温度传感器,在单晶硅悬臂梁的上表面淀积了一层金属铝膜,底部单晶硅梁尺寸为长 100 μm,宽 10 μm,厚 4 μm。其上面金属铝尺寸为:长 100 μm,宽 10 μm,厚 2 μm。悬臂梁左端固定。

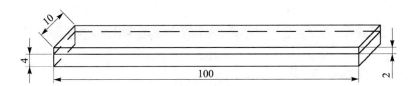

图 7.20　MEMS 温度传感器计算模型

计算:当传感器工作于 50 ℃的温度环境时,梁最右端的位移。

(2) 材料特性参数

基底材料:单晶硅,弹性模量 169 GPa,泊松比 0.25,材料密度 2 330 kg/m^3,热膨胀系数 2.6×10^{-6}。

其上薄膜材料:铝,弹性模量 70 GPa,泊松比 0.33,密度 2 700 kg/m^3,热膨胀系数 25×10^{-6}。

计算思路:这是一个典型的热-结构耦合分析实例,可采用 Solid 5 热-结构耦合单元进行分析。

(3) 计算步骤

1) 前处理

① 添加单元类型。

选择 Preprocessor→Element Type→Add/Edit/Delete→Add→Coupled Field→Scalar Brick 5→close,添加为 Solid5 单元,如图 7.21 所示。

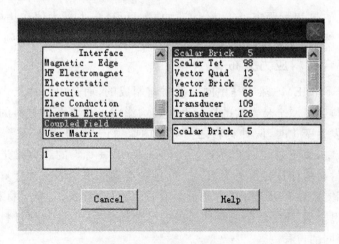

图 7.21 添加单元类型(1)

② 添加材料属性。

由于该实例由两种材料组成,故需要添加两种材料属性,方法如下:

选择 Preprocessor→Material Props→Material Models,进入如图 7.22 所示的界面。

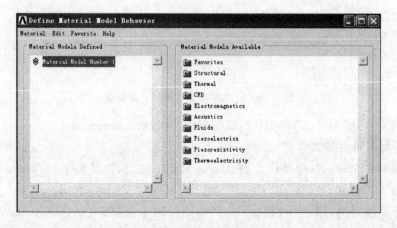

图 7.22 添加材料属性

选择 Structural→linear→Elastic→Isotropic,进入材料属性界面,如图 7.5 所示,在相应文本框中输入与微米单位对应的弹性模量和泊松比。

同样地,选择 Structural→desity,设置密度信息(按照微米单位添加),如图 7.6 所示,设置材料热膨胀系数:选择 Structural→Thermal expansion→Secant Coefficient→Elastic→Isotropic,进入如图 7.23 所示的界面,设置材料热膨胀系数。

③ 添加铝材料特性参数(第二种材料)。

选择 Edit→Copy,进入如图 7.24 所示的界面。

设定材料参数为 2,然后单击第二种材料特性参数,把参数中的密度、弹性模量、

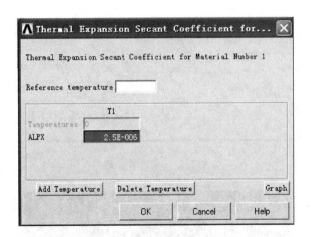

图 7.23　设置材料热膨胀系数

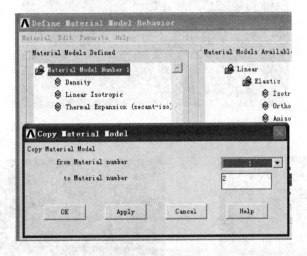

图 7.24　材料特性参数的复制

泊松比以及热膨胀系数等设置为铝材料的特性参数。

④ 建模。

选择 Preprocessor→Modelling→Create→Volumes→Block→By Dimension,进入如图 7.25 所示的界面,输入梁尺寸参数。梁模型如图 7.26 所示。

选择 Workplane→offset wp to→Keypoints,把关键点移到矩形左上角,如图 7.27 所示。

2) 绘制铝结构层

选择 Preprocessor→Modelling→Create→Volumes→Block→By Dimension,然后输入坐标 $(0,0,0)$ 和 $(100,2,-10)$;选择 PlotCtrls→numbering,在 Volume number 中选择 Colors only,使两个结构具有不同的颜色,如图 7.28 所示。

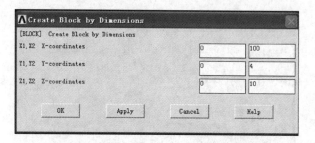

图 7.25　梁尺寸参数

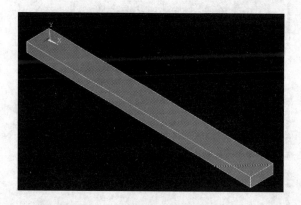

图 7.26　梁模型(1)

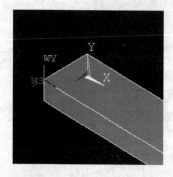

图 7.27　移动工作平面

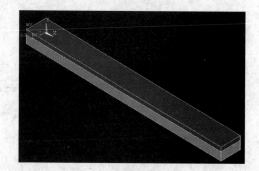

图 7.28　复合结构模型

　　为保证两种材料在交界面处具有良好的共同自由度,可选择 Preprocessor→ Modelling→Operate→Booleans→Glue→Volumes,打开粘贴界面,然后选择 Pick All。

　　接着划分网格,选择 Preprocessor→Meshing→MeshTool,进入如图 7.9 所示的界面;选择 Global→Set→Element Edge Length,在 element edge length 文本框中输入"0.5"。

3) 分配材料属性

由于两种材料不同,其特性参数也不同,所以需要在软件中对两种结构分配材料属性。方法:选择 Element Attributes→volumes→set,然后选择单晶硅材料,单击 OK 按钮,弹出如图 7.29 所示的界面,单击 OK 按钮。

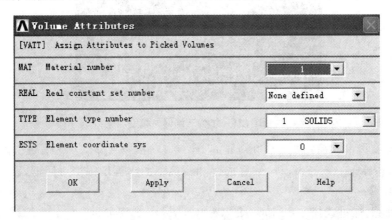

图 7.29　硅材料属性分配

同理,选择上面的铝材,设定其材料属性为 2,单击 OK 按钮,如图 7.30 所示。

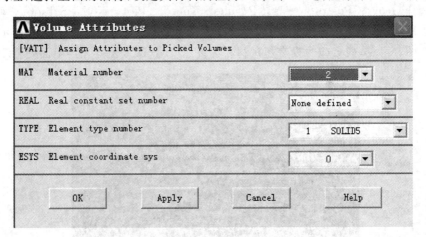

图 7.30　铝材料属性分配

选择 Shape→Hex→Sweep,扫略生成网格,如图 7.31 所示。

4) 处　理

① 设置分析类型:通过选择 Solution→Analysis Type→New Analysis→Steady State 完成。

② 施加约束:选择 Solution→Define Loads→Apply→ Structrual→Displacement→On Areas,然后选择最左边端面,约束选择 X、Y、Z,数值为 0。

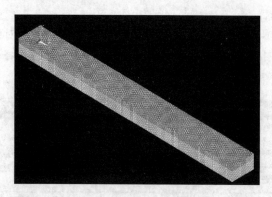

图 7.31　结构三维网格模型

③ 添加集中载荷：选择 Solution→Define Loads→Apply→ Structrual→Thermal→temperature→on nodes，然后选择 Pick All，弹出温度添加对话框，设置施加的温度为 50 ℃。

④ 计算：通过选择 Solution→Solve→Current LS 完成。

5）后处理

① 查看应力分布。

选择 General Postproc→Plot Results→Contour Plot→Nodal Solution，弹出如图 7.1 所示的对话框，选择等效应力计算项，单击 OK 按钮，得到如图 7.32 所示的应力分布图。可见，最大应力没有超过材料的许用应力，最大值应在接触面处。

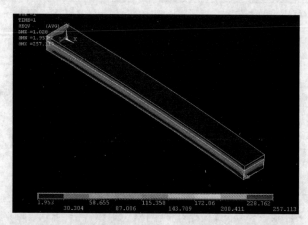

图 7.32　应力分布图

② 查看集中力作用下的梁变形图。

选择 General Postproc→Plot Results→Deformed Shape，然后选择 Def＋Undef Edge，单击 OK 按钮，得到如图 7.33 所示的变形图，最大值为 1.028 μm。可见，传感器对温度比较敏感。

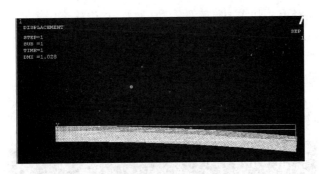

图 7.33　梁变形图

③ 查看梁的应力分布数据。

选择 General Postproc→List results→Contour Plot→Nodal Solution,然后选择应力数据即可。

④ 采用路径操作确定最大位移处,为敏感元件的放置提供支持。

第一步:建立路径。

选择 General Postproc→Path Operation→Define Path→By Nodes,然后选择上表面两端中点,如图 7.34 所示。

图 7.34　建立路径(2)

选择完成后,弹出路径命名对话框,给路径命名为"SHE"。

第二步:调用路径。

路径有很多,可以对其中一个路径进行调用操作,可通过选择 General Postproc→Path Operation→Recallpaths 来选择需要的路径,如图 7.35 所示。

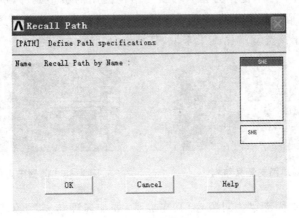

图 7.35　调用路径(2)

第三步:在路径上添加需要计算的参数(如应力、位移等)。

选择 General Postproc→Path Operation→Map Onto Path,然后选择要显示的项目为 y 方向位移,命名为"SS"。

第四步:在路径上显示计算的参数曲线。

选择 General Postproc→Path Operation→Plot Path Item→On Graph,按照需求选取相应的位移数据,单击 OK 按钮,得到的结果如图 7.36 所示。

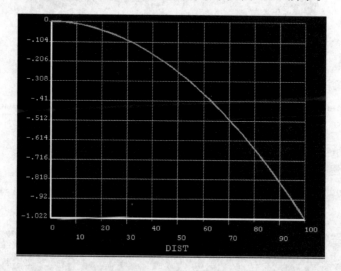

图 7.36　位移结果曲线

可见,最大位移在梁的端部,约为 1 μm。其他参数操作方法与前面相同。

7.5.2　双端固支梁模态分析

双端固支梁在 MEMS 器件中也是一种比较常用的形式,其作用之一是作为器件的支撑结构,另一个作用是作为类双端固支结构使用的敏感元件,例如谐振音叉(见图 7.37)、谐振式硅微机械压力传感器以及膜片上面用于感受应力变化的敏感梁(见图 7.38)等。对于该类双端固支梁来说,其模态分析尤为重要。

图 7.37　双端固支音叉结构

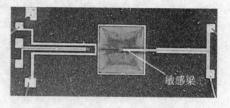

图 7.38　谐振压力传感器敏感梁

本小节以双端固支梁为对象,对其在加载(如加速度传感器的谐振音叉等分析)和未加载两种情况下的模态进行分析,其中载荷可分为集中力载荷和热载荷两种情况。

1. 双端固支梁固有谐振频率分析

(1) 操作实例

图 7.39 所示为双端固支梁结构图,其尺寸分别为长 $L = 1\ 000\ \mu m$,宽 $W = 60\ \mu m$,厚 $H = 10\ \mu m$;材料为单晶硅;特性参数见前面实例;约束条件为梁左端面全约束,右端面只能沿梁轴向移动,计算该梁的固有谐振频率。

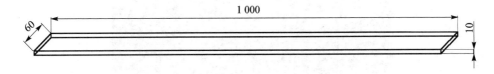

图 7.39　双端固支梁结构图

(2) 计算过程

1) 前处理

① 添加单元类型。

选择 Preprocessor → Element Type → Add/Edit/Delete → Add → Solid → Brick8Node 45→close,添加为 Solid45 单元。

② 添加材料属性。

选择 Preprocessor→Material Props→Material Models,进入如图 7.40 所示的界面。

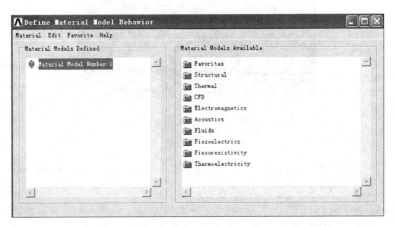

图 7.40　添加单元类型(2)

选择 Structural→linear→Elastic→Isotropic,进入材料属性界面,如图 7.5 所示,在相应材料中输入与微米单位对应的弹性模量和泊松比。

同样地,选择 Structural→desity,设置密度信息,如图 7.6 所示。

③ 建模。

选择 Preprocessor→Modelling→Create→Volumes→Block→By Dimension,输入坐标(0,0,0)和(1 000,10,60),模型如图 7.41 所示。

图 7.41　梁模型(2)

④ 划分网格。

选择 Preprocessor→Meshing→MeshTool,进入网格操作界面;选择 Global→Set→Elcment Edge Length,在 element edge length 文本框中输入"2";选择 Shape→Hex→Sweep,扫略生成网格,如图 7.42 所示。

图 7.42　扫略网格图

2)处　理

① 设置分析类型:通过选择 Solution→Analysis Type→New Analysis→model 完成。

② 设置模态分析选项:选择 Solution→Analysis Type→Analysis Options,进入如图 7.43 所示的界面,设置阶数为 3。

③ 施加约束:选择 Solution→Define Loads→Apply→Structrual→Displacement→On Areas,然后依据约束条件对左右端面分别施加约束。

④ 计算:通过选择 Solution→Solve→Current LS 完成。

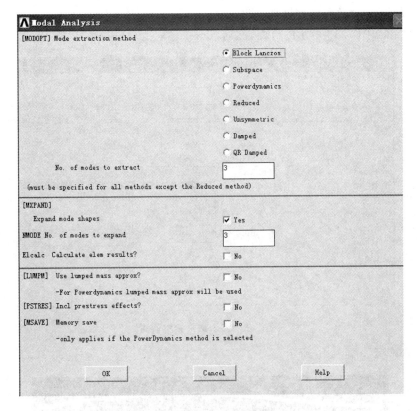

图 7.43　设置模态分析参数(1)

3) 后处理

① 查看三阶谐振频率。

选择 General Postproc→Result Summary,得出如图 7.44 所示的结果。

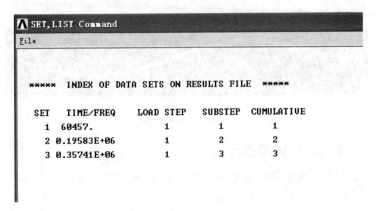

图 7.44　模态分析结果(1)

② 读取一阶振型。

选择 General Postproc→Read Results→First SetPlotCtrls→Animiate→Model Shape,得出如图 7.45 所示的界面,然后依据自己的要求进行个性化设置。

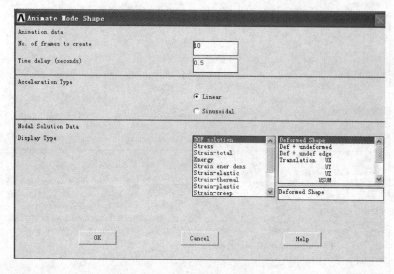

图 7.45　演示结果参数设置

一阶阵型如图 7.46 所示。

图 7.46　一阶振型

选择 General Postproc→Read Results→Next Set,同样得到二阶阵型,如图 7.47 所示。

图 7.47　二阶振型

2. 施加轴向力后谐振频率分析

该类情况主要适用于传感器上施加载荷后谐振频率变化的仿真计算,其分析过程与模态分析类似。但计算过程中首先要进行静态分析,静态分析时要在 Solution Control 界面中选择 Include Prestress effect 选项,然后在不退出计算结果的前提下,继续进行模态分析,分析时同样需要把预应力效应开关打开。

（1）操作实例

图 7.48 所示为施加轴向力后的双端固支梁，其尺寸分别为长 $L=1\,000\ \mu m$，宽 $W=60\ \mu m$，厚 $H=10\ \mu m$；材料为单晶硅；特性参数见前面实例；约束条件与前述实例相同。

计算：在梁右端面中心施加 $200\ \mu N$ 的轴向力后（见图 7.48），梁的谐振频率。

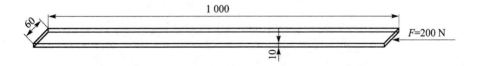

图 7.48　施加轴向力后的双端固支梁结构图

（2）计算过程

该实例的单元类型选择、材料属性、网格划分等过程与前述相同，这里直接从"处理"部分开始阐述计算过程。

1）处　理

① 设置分析类型：通过选择 Solution→Analysis Type→New Analysis→Static 完成。

② 添加约束，左端全约束。

选择 Solution→Define Loads→Apply→ Structrual→Displacement→On Areas，然后选择左端面，选择 All DOFs，设置为 0。选择 Solution→Define Loads→Apply→Structrual→Displacement→On Areas，然后选择右端面，设置 UY、UZ 为 0。

③ 添加载荷。

选择 Solution→ Define Loads→ Apply→ Structrual→Force/moment→ On Nodes，然后选择右端面中心点，设置为 200。

④ 打开 Sol'n Control 选项。

选择 Solution→Analysis Type→Sol'n Control，进入如图 7.49 所示的界面，在 Basic 选项卡中选中 Calculate prestress effects 复选框，单击 OK 按钮。

⑤ 计算：通过选择 Solution→Solve→Current LS 来完成。计算完成后，不检查任何结果，继续进行模态计算。

⑥ 选择 Solution→Analysis Type→New Analysis→model。

⑦ 设置模态分析选项：选择 Solution→Analysis Type→Analysis Options，在打开的界面中设置阶数为 3，同时选中 Incl prestress effects 后的 Yes 复选框（见图 7.50），频率范围选择 0，即可对任意频率进行分析。

⑧ 计算：通过选择 Solution→Solve→Current LS 来完成。

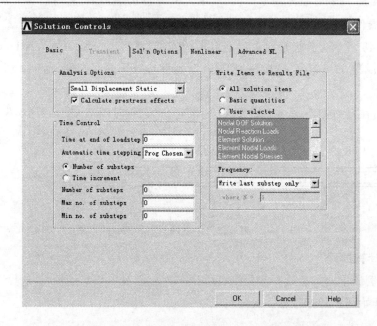

图 7.49 选中 Calculate prestress effects 复选框

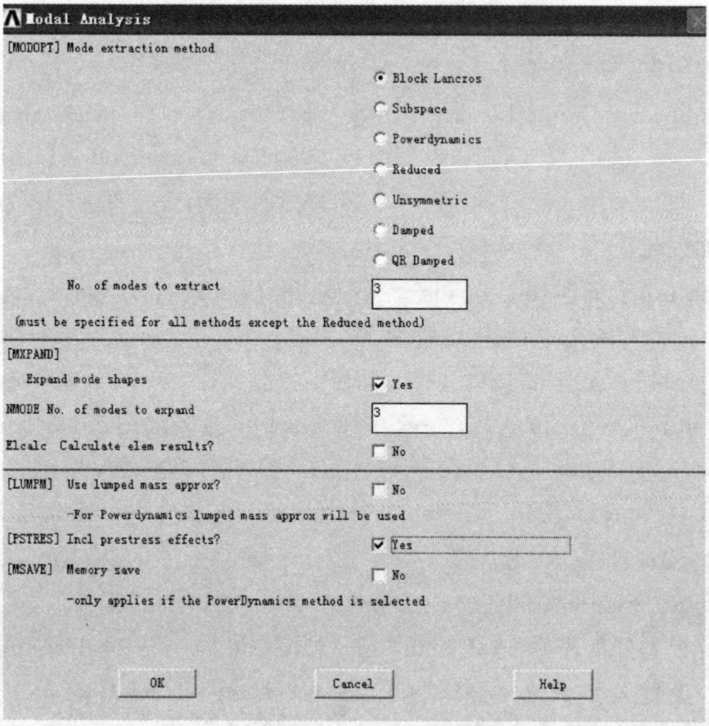

图 7.50 设置模态分析参数(2)

2）后处理

查看三阶谐振频率：选择 General Postproc→Result Summary，得到的结果如图 7.51 所示。

```
***** INDEX OF DATA SETS ON RESULTS FILE *****

SET    TIME/FREQ    LOAD STEP    SUBSTEP    CUMULATIVE
 1   60113.            1            1           1
 2   0.19543E+06       1            2           2
 3   0.35735E+06       1            3           3
```

图 7.51　模态分析结果（2）

由分析结果可以看出，施加了 200 μN 的轴向力后，梁的一阶谐振频率由 60 457 Hz 变化为 60 113 Hz，变化比较明显，说明了分析方法的正确性。

3. 热载荷对谐振梁影响分析

温度特性是影响 MEMS 器件性能非常重要的一个因素，尤其在谐振式硅微机械传感器中，温度变化会使传感器产生较大的内在热应力，使传感器产生附加的谐振频率变化，这是设计传感器时应避免的问题。因此，对其温度特性器件的影响规律进行研究就显得非常重要了，本实例以双端固支梁为例，针对温度对其谐振频率特性的影响进行了分析。

（1）操作实例

双端固支梁结构图见图 7.39，其尺寸为长 $L=1\ 000\ \mu m$，宽 $W=60\ \mu m$，厚 $H=10\ \mu m$；材料为单晶硅；特性参数见前面实例；约束条件为梁两端全约束。

计算：在梁上施加 10 ℃温度时，梁谐振频率的变化。

（2）材料特性参数

单晶硅：弹性模量 169 GPa，泊松比 0.25，材料密度 2 330 kg/m^3，热膨胀系数 2.5×10^{-6}。

（3）计算过程

1）前处理

① 添加单元类型。

选择 Preprocessor→Element Type→Add/Edit/Delete→Add→Coupled Field→Scalar Brick 5→close，添加为 Solid5 单元。

② 依照前面的操作过程添加材料属性，详见 7.5.1 小节中的"1. 硅材料静力分析"。

③ 建模。

选择 Preprocessor→Modelling→Create→Volumes→Block→By Dimension，输入坐标（0，0，0）和（1 000，10，60），模型如图 7.52 所示。

④ 划分网格。

选择 Preprocessor→Meshing→MeshTool，进入网格操作界面。

选择 Global→Set→ Element Edge Length，在 element edge length 文本框中输入"2"。

选择长为 1 000 的直线，然后细分为 200 等份；选择长为 60 的直线，然后细分为

图 7.52　梁有限元模型

20 等份。

选择 Shape→Hex→Sweep, 扫略生成网格, 如图 7.53 所示。

图 7.53　有限元网格图

2）处　理

① 设置分析类型：通过选择 Solution→Analysis Type→New Analysis→modal 来完成。

② 设置模态分析选项：选择 Solution→Analysis Type→Analysis Options, 进入如图 7.43 所示的界面, 设置阶数为 3。

③ 施加约束：选择 Solution→Define Loads→Apply→ Structrual→Displacement→On Areas, 然后选择左右两个端面, 选择 All DOFs, 设置为 0。

④ 计算：通过选择 Solution→Solve→Current LS 来完成。

3）后处理

查看三阶谐振频率：选择 General Postproc→Result Summary, 得出的结果如图 7.54 所示。与前述实例相比, 其谐振频率由于约束方式的不同具有较大差异。

施加温度载荷后谐振频率的计算过程如下：

① 设置分析类型：通过选择 Solution→Analysis Type→New Analysis→Static 来完成。

② 添加约束, 全约束。

③ 添加载荷。选择 Solution→Define Loads→Apply→Thermal→Temperature→On Nodes, 然后选择 Pick All, 设置为 10。

④ 打开 Sol'n Control 选项：选择 Solution→Analysis Type→Sol'n Control, 进

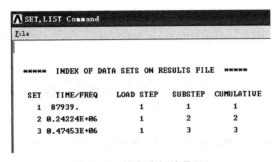

图 7.54　模态分析结果(3)

入如图 7.49 所示的界面,在 Basic 选项卡中选中 Calculate prestress effects 复选框,单击 OK 按钮。

⑤ 计算:通过选择 Solution→Solve→Current LS 来完成。

计算完成后,不检查任何结果,继续进行模态计算,操作过程如下:

① 选择 Solution→Analysis Type→New Analysis→model。

② 设置模态分析选项:选择 Solution→Analysis Type→Analysis Options,在打开的界面中设置阶数为 4,同时选中 Incl prestress effects 后的 Yes 复选框,频率范围选择 0,即可对任意频率进行分析,如图 7.55 所示。

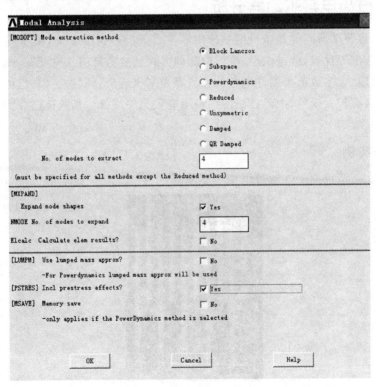

图 7.55　模态分析参数(3)

③ 计算：通过选择 Solution→Solve→Current LS 来完成。

查看三阶谐振频率：General Postproc→Result Summary，得出的结果如图 7.56 所示。

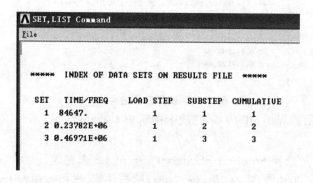

图 7.56　模态分析结果(4)

可见，对于双端固支梁来说，温度变化对其谐振频率具有非常大的影响，器件设计过程中要尽量避免两端全固支的情况出现。

7.5.3　梳齿电容驱动器分析

梳齿电容驱动器同样是微机电系统中非常重要的一类驱动源，由于其具有集成度高、易于装配等优点，静电激励-电容检测的方式已成为目前几乎所有 MEMS 器件的首选。目前，大多数该类器件电容的计算都是基于理想公式进行的，但由第 2 章可知，该理论具有较大误差，因此，设计后，采用有限元法进行仿真验证已成为非常重要的研究内容。

1. 操作实例

如图 7.57 所示，有 90 对静电梳齿驱动器，梳齿尺寸为：宽 4 μm，长 100 μm，厚

图 7.57　梳齿计算模型

72 μm,梳齿间隙 4.5 μm,重叠长度 50 μm,施加电势差为 5 V 的载荷,确定梳齿的电容值。

2. 具体操作步骤

步骤 1:初始化

① 进入 Ansys 程序;

② 选择 Utility Menu→File→Change Title;

③ 输入"Comb Actuator analysis";

④ 单击 OK 按钮;

⑤ 选择 Main Menu→Preferences;

⑥ 单击 Magnetic-Nodal 和 Electric;

⑦ 单击 OK 按钮。

步骤 2:定义参数

① 选择 Utility Menu→Parameters→Scalar Parameters。

② 输入下列参数,若发生输入错误,重新输入即可,如下:

$$V1 = 5.0$$
$$V0 = 0.0$$

③ 单击 Close 按钮。

步骤 3:定义单元类型

① 选择 Main Menu→Preprocessor→Element Type→Add/Edit/Delete;

② 单击 Add 按钮;

③ 单击高亮度的"Electrostatic"和"3D Tet 123";

④ 单击 OK 按钮;

⑤ 单击 Close 按钮。

步骤 4:定义材料属性

① 选择 Main Menu→Preprocessor→Material Props→Material Models;

② 在材料窗口中依次双击 Electromagnetics、Relative Permittivity 和 Constant;

③ 在 PERX (Relative Permittivity)中输入"1",单击 OK 按钮,在定义材料窗口的左边区域显示的材料号为 1;

④ 选择 Edit→Copy,单击 OK 按钮把材料 1 复制到材料 2;

⑤ 在材料列表框中双击 2 号材料和 Permittivity (constant);

⑥ 在 PERX 文本框中输入"11.5",单击 OK 按钮;

⑦ 选择 Material→Exit;

⑧ 单击 SAVE_DB on the ANSYS Toolbar。

步骤 5:建立几何模型

1）建立梳齿模型

① 选择 Main Menu→ Preprocessor → — Modeling — Create → — Volumes-Block →By Dimensions。

② 输入下列数值：

−2.25	−6.25
−25	75
−36	36

③ 单击 Apply 按钮。

④ 输入下列数值：

2.25	6.25
−75	25
−36	36

⑤ 单击 OK 按钮。

⑥ 复制实体，选择 Main Menu→Preprocessor→-Modeling-Copy→-Volumes。

⑦ 单击 Pick All 按钮。

⑧ 在 DX X-offset in active CS 文本框中输入"17"。

⑨ 单击 Apply 按钮。

⑩ 单击 Pick All 按钮。

⑪ 在 DX X-offset in active CS 文本框中输入"34"。

⑫ 单击 Apply 按钮。

⑬ 选中最右侧的 1 对梳齿。

⑭ 单击 OK 按钮。

⑮ 在 DX X-offset in active 文本框中输入"17"。

⑯ 单击 Apply 按钮。

⑰ 将选择方式由 Single 改为 Box。

⑱ 选中左边 4 对梳齿。

⑲ 单击 OK 按钮。

⑳ 在 DX X-offset in active CS 文本框中输入"−68"。

㉑ 单击 OK 按钮。

㉒ 单击 SAVE_DB on the ANSYS Toolbar。

㉓ 选择 Main Menu→ Preprocessor →-Modeling-Create→-Volumes —Block → By Dimensions。

㉔ 输入下列数值：

−65.75	74.25
−75	−108
−36	36

㉕ 单击 Apply 按钮。

㉖ 输入下列数值：

65.75	−74.25
75	108
−36	36

㉗ 单击 OK 按钮。

㉘ 将梳齿 5 横称加为一体：选择 MainMenu→Preprocessor→-Modeling-Operate→-Booleans-Add→Volumes。

㉙ 选择上 9 个梳齿及上横称。

㉚ 单击 Apply 按钮。

㉛ 同理,将下 9 个梳齿及下横称加为一体。

㉜ 选择 Utility Menu→PlotCtrls→Pan Zoom Rotate。

㉝ 单击 Iso 按钮,然后单击 Close 按钮。

2）建立空气模型

① 选择 Main Menu→Preprocessor →-Modeling-Create →-Volumes-Block→By Dimensions。

② 输入下列数值：

−150	150
−200	200
−100	100

③ 单击 OK 按钮。

④ 选择 Main Menu→Preprocessor→-Modeling-Operate→-Booleans-Overlap→Volumes。

⑤ 单击 Pick All 按钮。

⑥ 选择 Utility Menu→Plot→Volumes。

⑦ 选择 Main Menu→Finish。

步骤 6:网格划分与材料设置

① 选择 Main Menu→Preprocessor→-Meshing-MeshTool;

② 选择 Element Attributes→Set;

③ 在 Material number 下拉列表框中选择 2;

④ 单击 OK 按钮;

⑤ 选中 Smart Size 复选框；

⑥ 将 SmartSizing 滑块移动到 3；

⑦ 单击 MESH 按钮；

⑧ 选中上下两部分梳齿；

⑨ 单击 OK 按钮；

⑩ 选择 Main Menu→Preprocessor→-Meshing-MeshTool；

⑪ 选择 Element Attributes→Set；

⑫ 在 Material number 下拉列表框中选择 1；

⑬ 单击 OK 按钮；

⑭ 单击 MESH 按钮；

⑮ 选中空气模型；

⑯ 单击 OK 按钮；

⑰ 选择 Main Menu→Preprocessor→-Meshing-MeshTool；

⑱ 单击 Close 按钮；

⑲ 单击 SAVE_DB on the ANSYS Toolbar。

步骤 7：施加边界条件和载荷

① 选择 Utility Menu→Select→Entities；

② 设置顶部按钮为"Volumes"；

③ 单击 OK 按钮；

④ 选中上半部分梳齿；

⑤ 单击 OK 按钮；

⑥ 选择 Utility Menu→Select→Entities；

⑦ 设置顶部按钮为"Nodes"；

⑧ 设置下面的按钮为 attached to→volumes→all；

⑨ 单击 Apply 按钮；

⑩ 单击 Plot 按钮；

⑪ 选择 Main Menu→Preprocessor→Loads→Define Loads→-Apply-Electric→-Boundary→-Voltage-On Nodes；

⑫ 单击 Pick All 按钮；

⑬ 在 Value of voltage（VOLT）文本框中输入"V1"；

⑭ 单击 OK 按钮；

⑮ 选择 Utility Menu→Select→Entities；

⑯ 设置顶部按钮为"Volumes"；

⑰ 设置下面的按钮为"By Num/Pick"；

⑱ 单击 OK 按钮；

⑲ 选中下半部分梳齿；

⑳ 单击 OK 按钮；

㉑ 选择 Utility Menu→Select→Entities；

㉒ 设置顶部按钮为"Nodes"；

㉓ 设置下面的按钮为 attached to→volumes→all；

㉔ 单击 Apply 按钮；

㉕ 单击 Plot 按钮；

㉖ 选择 Main Menu→Preprocessor→Loads→Define Loads→-Apply-Electric→-Boundary→-Voltage-On Nodes；

㉗ 单击 Pick All 按钮；

㉘ 在 Value of voltage（VOLT）文本框中输入"V0"；

㉙ 单击 OK 按钮。

步骤 8：求解

① 选择 Utility Menu→Select→Everything；

② 选择 Utility Menu→-Plot-Nodes；

③ 选择 Main Menu→Solution→-Solve-Current LS；

④ 确认信息后选择 File→-Close；

⑤ 单击 OK 按钮开始求解，求解后若弹出提示信息，则单击 Close 按钮；

⑥ 选择 Main Menu→Finish。

步骤 9：存储分析结果

① 选择 Main Menu→General Postproc→Element Table→define Table；

② 单击 Add 按钮；

③ 在 User label for item 文本框中输入"SENE"；

④ 在 Results data item 区域中点亮 Energy（当左边的 Energy 显示为高亮度时，右边的 Elec energy SENE 自动显示为高亮度）；

⑤ 单击 OK 按钮；

⑥ 单击 Add 按钮；

⑦ 在 User label for item 文本框中输入"EFX"；

⑧ 在 Results data item 区域中点亮 Flux & gradient 和 Elecfield EFX；

⑨ 单击 OK 按钮；

⑩ 单击 Add 按钮；

⑪ 在 User label for item 文本框中输入"EFY"；

⑫ 在 Results data item 区域中点亮 Flux & gradient 和 Elec field EFY；

⑬ 单击 OK 按钮；

⑭ 单击 Add 按钮；

⑮ 在 User label for item 文本框中输入"EFZ"；

⑯ 在 Results data item 区域中点亮 Flux & gradient 和 Elec field EFZ；

⑰ 单击 OK 按钮；

⑱ 单击 Close 按钮；

⑲ 单击 SAVE_DB 按钮。

步骤 10：画结果图

① 选择 Main Menu→General Postproc→Plot Results→-Vector Plot-Prede-fined；

② 单击 OK 按钮。

步骤 11：进行电容计算

① 选择 Main Menu→General Postproc→Element Table→Sum of Each Item。

② 单击 OK 按钮在弹出窗口中将显示所有的单元表及其值。

③ 单击 Close 按钮。

④ 选择 Utility Menu→Parameters→Get Scalar Data。

⑤ 在 Type of data to be retrieved 区域中点亮 Results data 和 Elem table sums。

⑥ 单击 OK 按钮在弹出的对话框中显示求和的单元表值。

⑦ 在 Name of parameter to be defined 文本框中输入"W"。

⑧ 设置 Element table item 为 SENE。

⑨ 单击 OK 按钮。

⑩ 选择 Utility Menu→Parameters→Scalar Parameters。

⑪ 输入下列数值：

C = (w * 2)/((V1−V0) * * 2)
C = ((C * 10) * 1e6)

⑫ 单击 Close 按钮。

⑬ 选择 Utility Menu→List→Status→Parameters→Named Parameter。

⑭ 在 Name of parameter 区域中点亮 C。

⑮ 单击 OK 按钮，在弹出的窗口中显示 C 的值。

⑯ 单击 Close 按钮关闭弹出窗口。

7.5.4 疲劳强度计算实例

1. 疲劳的概念

疲劳是指结构在低于其静态极限载荷的交变载荷反复作用下发生疲劳断裂的现象。例如，一根能够承受 300 kN 静态拉力的受拉杆，在 200 kN 交变载荷的作用下，经历一定次数的循环后很可能被破坏。影响疲劳的因素包括交变载荷经历的循环次数、应力幅、平均应力、有否局部应力集中等。

2. 疲劳分析的原理

Ansys 疲劳分析采用了经典的 Miner 线性累积损伤理论。

若构件在某恒定应力 S 作用下,循环至破坏的寿命为 N,则定义其在经历 n 次循环时的损伤为 $D=n/N$。

显然,在某恒定应力 S 作用下,若 $n=N$,则 $D=1$,构件发生疲劳破坏。

构件在应力 S_i 作用下,经历 n_i 次循环的损伤为 $D_i=n_i/N_i$。若在 k 个应力 S_i 作用下,各经历 n_i 次循环,则定义其总损伤(Ansys 中称作疲劳寿命使用系数)为

$$D=\sum_{i=1}^{k}D_i=\sum_{i=1}^{k}n_i/N_i \tag{7.1}$$

破坏准则为

$$D=\sum_{i=1}^{k}D_i=1 \tag{7.2}$$

这就是 Miner 线性积累损伤理论。其中,n_i 是在应力 S_i 作用下的循环次数;N_i 是在应力 S_i 作用下循环至破坏的寿命,由 $S-N$ 曲线确定。

3. Ansys 疲劳分析实例

(1) 工程实例

对 MEMS 平板电容在受到一定压力作用下的使用寿命进行评估时,其模型等效于一个矩形薄板,如图 7.58 所示,矩形薄板的尺寸为 8 mm×10 mm×0.05 mm(宽×高×厚)。薄板底部固定,x、y、z 轴方向的自由度为 0。对矩形薄板施加 16 034 Pa 的均布压强,分析此载荷下矩形薄板的疲劳情况及载荷可加载的次数。

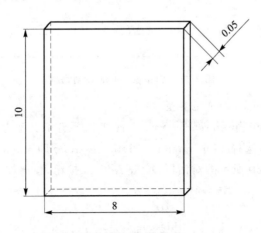

图 7.58　分析模型

(2) 分析步骤简析

疲劳计算在通用后处理器 POST1 中进行,在此之前必须已经完成应力计算。疲劳计算包括以下 5 个主要步骤:

① 进入通用后处理 POST1,恢复数据库。

② 设定尺寸,指定位置、事件和载荷的数目;通过选择 Main Menu→General

Postproc→Fatigue→Size Settings 来完成。定义疲劳材料特性,输入 $S-N$ 曲线:通过选择 Main Menu→General Postproc→Fatigue→Property Table→SN Table 确定应力位置;定义应力集中因数,通过选择 Main Menu→General Postproc→Fatigue→stress locations 来完成。

③ 提取、保存感兴趣的位置上不同的事件和载荷的应力,指定事件循环和比例因数。提取应力:通过选择 Main Menu→General Postproc→Fatigue→Store Stresses-From rst File 来完成。保存应力、指定事件循环次数和比例因数:通过选择 Main manu→General Postproc→Fatigue→Assign Events 来完成。

④ 激活疲劳计算:通过选择 Main Menu→General Postproc→Fatigue→Calculate Fatig 来完成。

⑤ 查看结果。

(3) 具体分析过程

1) 打开 Ansys,改变任务名

选择 Utility Menu→File→Change Jobname,弹出如图 7.59 所示的对话框。在 Enter new jobname 文本框中输入新的文件名,然后单击 OK 按钮。

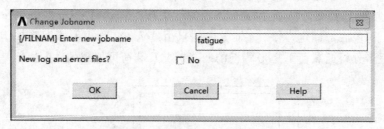

图 7.59 Change Jobname 对话框

2) 选择 preferences 和单元类型

选择 Main menu→preferences→structrual,选择分析类型为结构分析。

选择单元类型:选择 Main menu→Preprocessor→Element Type→Add/Edit/Delete,弹出如图 7.60 所示的对话框,单击 Add... 按钮,弹出如图 7.61 所示的对话

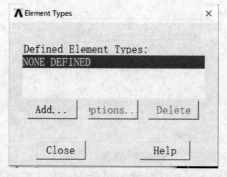

图 7.60 Element Types 对话框

框,在左侧列表中选择 Solid,在右侧列表中选"20node 95",单击 OK 按钮,单击 Close 按钮。

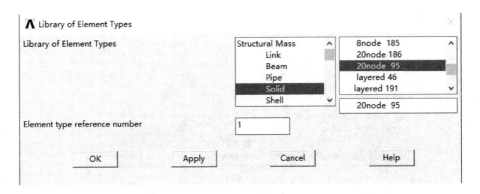

图 7.61　设置单元类型选择

3) 定义材料模型

选择 Main menu→Preprocessor→Material Props→Material Models,输入材料特性参数和密度,分别如图 7.62 和图 7.63 所示。

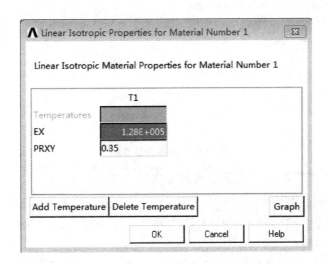

图 7.62　设置材料特性参数

4) 创建结构单元

选择 Utility Menu→Preprocessor→Modeling→Create→Volumes→Block→By Dimensions,弹出如图 7.64 所示的对话框,在相应文本框中输入立方体的长、宽、高,单击 OK 按钮,如图 7.64 所示。

5) 划分网格

选择 Preprocessor → Meshing → MeshTool → Set → Global → Size → Element

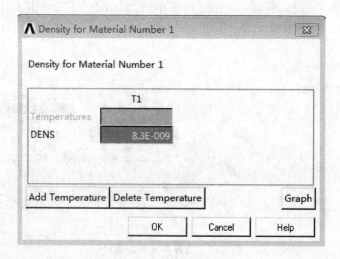

图 7.63　设置密度参数

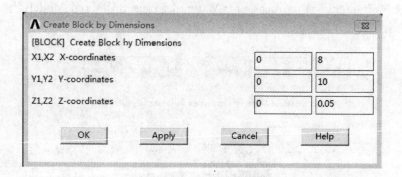

图 7.64　设置模型参数

Length,设置通用尺寸为 0.05,则会被划分成如图 7.65 所示的网格。

6）施加约束条件

分析单元设定:通过选择 Utility Menu→Solution→Analysis Type→New Analysis→Static 来完成。

施加约束:选择 Utility Menu→Solution→Define Loads→Apply→Structural→Displacement→On areas,然后选择被固定的上下底面。选择完毕后,单击 OK 按钮,弹出如图 7.66 所示的对话框。在 DOFs to be constrained 下拉列表框中选择 All DOF,在 VALUE 中输入"0",单击 OK 按钮。

施加载荷:选择 Utility Menu→Solution→Define Loads→Apply→Structural→Pressure→On Areas,弹出对话框,选择需要施加均布压强的面,单击 OK 按钮。

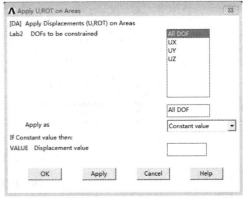

图 7.65　有限元网格图　　　　　　图 7.66　添加约束条件

　　弹出如图 7.67 所示的对话框,在 Load PRES value 中输入均布压强值,单击 OK 按钮。

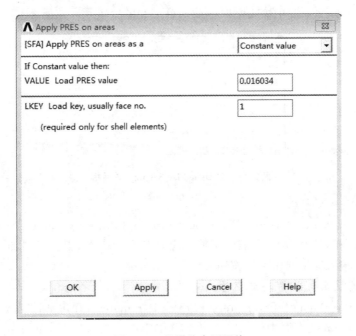

图 7.67　设置均布压强值

7) 求　解

选择 Utility Menu→Solution→Solve→Current LS,弹出如图 7.68 所示的窗口,

单击 OK 按钮,开始解算,然后再单击 OK 按钮。

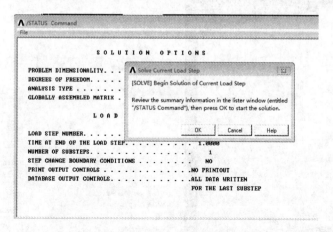

图 7.68　计算操作界面

直到解算完毕,单击 Close 按钮。

8) 设置尺寸

选择 Main Menu→General Postproc→Fatigue Size Settings,弹出图 7.69 所示的对话框。在 MXLOC 文本框中输入"1"(位置),在 MXEV 文本框中输入"2"(事件),在 MXLOD 文本框中输入"2"(载荷),单击 OK 按钮。

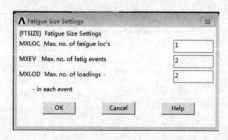

图 7.69　Fatigue Size Settings 对话框

9) 输入 $S-N$ 曲线

选择 Main Menu→General Postproc→Fatigue→Property Table→S-N Table,弹出如图 7.70 所示的对话框,在表格中输入应力 S 和寿命 N,根据材料的不同,$S-N$ 曲线也不同,输入完毕单击 OK 按钮。

10) 查询节点编号,保存到变量

选择 Utility Menu→Parameters→Scalar Parameters,弹出如图 7.71 所示的对话框,在 Selection 文本框中输入"NNN＝NODE(0.1,0.05,0)",单击 Accept 按钮,然后单击 Close 按钮。

查询到坐标为(0.1,0.05,0)的节点编号,并将之存储到变量 NNN。此节点处有较大应力,发生疲劳破坏的可能性较大。

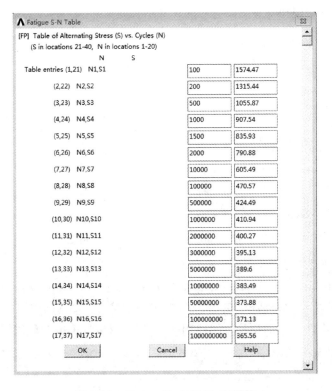

图 7.70 Fatigue S - N Table 对话框

图 7.71 关键点的选择

11）指定应力位置

选择 Main Menu → General Postproc → Fatigue → Stress Locations，弹出如图 7.72 所示的对话框，在 NLOC 文本框中输入"1"，在 NODE 文本框中输入

"NNN"，单击 OK 按钮。

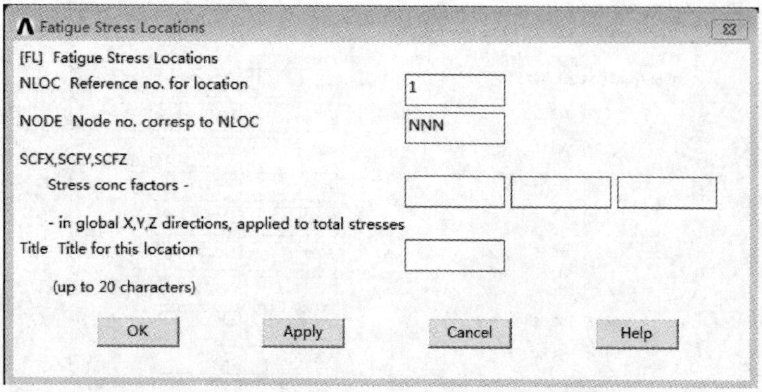

图 7.72 **Fatigue Stress Locations** 对话框

12）提取事件 1 应力值

选择 Main Menu→General Postproc→Fatigue→Store Stresses→From rst File，弹出如图 7.73 所示的对话框，在 NODE 文本框中输入"NNN"（位置），在 NEV 文本框中输入"1"（事件），在 NLOD 文本框中输入"2"（载荷），单击 OK 按钮。

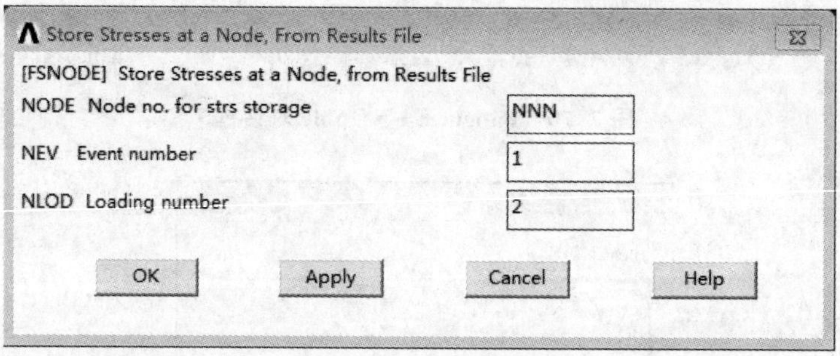

图 7.73 **Store Stresses at a Node. From Results File** 对话框

13）存储事件 1 应力值

选择 Main Menu→General Postproc→Fatigue→Store Stresses→Specified Val，弹出如图 7.74 所示的对话框，在 NODE 文本框中输入"NNN"（位置），在 NEV 文本框中输入"1"（事件），在 NLOD 文本框中输入"1"（载荷），单击 OK 按钮，然后在弹出的对话框中单击 OK 按钮。

14）指定事件重复次数

选择 Main Menu→General Postproc→Fatigue→Assign Events，弹出如图 7.75 所示的对话框，在 NEV 文本框中输入"1"（事件），在 CYCLE 文本框中输入"10000"（重复次数），在 FACT 文本框中输入"1"（应力比例），单击 OK 按钮。

重复步骤 12）～14）。重复步骤 12）时，在 NEV 文本框中输入"2"（事件）；重复步骤 13）时，在 NEV 文本中输入"2"（事件）；重复步骤 14）时，在 NEV 文本框中输入

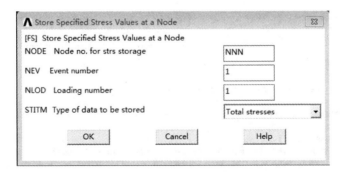

图 7.74　Sore Specified Stress Values at a Node 对话框

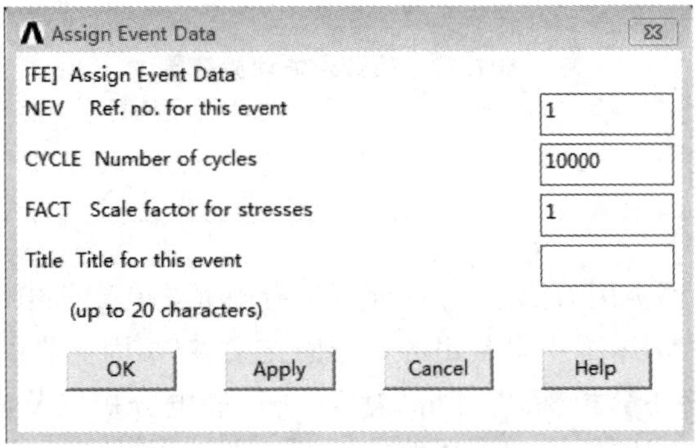

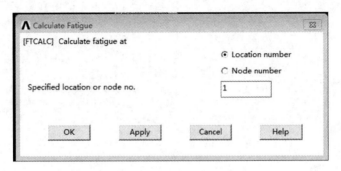

图 7.75　Assign Event Data 对话框

"2"（事件），在 CYCLE 文本框中输入"600000"（重复次数）；在 FACT 文本框中输入"1.1"（应力比例）。

15）疲劳计算

选择 Main Menu→General Postproc→Fatigue→Calculate Fatigue；弹出如图 7.76 所示的对话框，单击 OK 按钮。计算结果如图 7.77 所示，疲劳寿命使用系数为0.000 01。

图 7.76　Calculate Fatigue 对话框

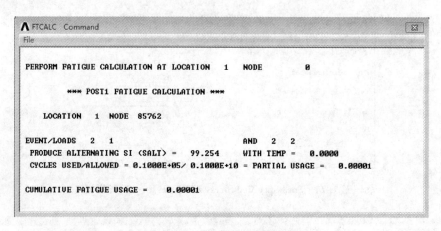

图 7.77　疲劳寿命计算结果

7.6　小　结

本章以大量工程实例为依据，详细介绍了有限元法在微机电系统设计中的应用。实例中主要对象为 MEMS 中最常用的单端固支梁、双端固支梁以及梳齿电容驱动器等，分析内容包括静态分析、模态分析、温度分析、静电分析以及疲劳分析等。同时，本章介绍了许多操作技巧，希望对读者能提供一些参考。